# 數位時代下的行銷變局

## 用科技抓住消費者的心

蔡余杰，紀海 著

### 剖析大數據與個性化行銷

打造以消費體驗為核心的情境行銷，滿足個性化需求

根據需求創造情境，實現即時互動與個性化體驗
從搶流量到創造場景，讓你的品牌脫穎而出
虛實結合的行銷新策略，抓住消費者心

實體店面的轉型祕訣，從流量到數據再到場景
探索情境行銷的成功法則

# 目 錄

## 第 3 章
## 情境商業時代，企業如何建構情境行銷模式？

## 第 4 章
## LBS 情境行銷：基於即時定位的行銷模式

## 第 5 章
## O2O 情境行銷：碎片化情境下的新型商業模式

## 第 6 章
## O2M 行銷：打造以消費體驗為中心的全情境購物模式

## 第 7 章
## 「網際網路＋零售」時代，實體零售店的情境化行銷變革

# 前言

　　傑羅姆・麥卡錫 (E. Jerome McCarthy) 教授在其著作《基礎行銷學》(*Basic Marketing*) 一書中提出了產品、價格、地點、促銷 4P 理論,奠定了現代行銷理論的基礎。在行動化的大連線時代,企業也需要賦予行銷新的內涵,才能在競爭激烈的市場環境中實現品牌效應。

　　隨著行動網際網路時代的到來,傳統的行銷模式走向衰弱,取而代之的,是基於行動網路的更加有效的情境化行銷模式。這種新的行銷方式,基於用戶碎片化的即時情境,藉助行動網路平臺和入口,精準定位和挖掘用戶的情境需求,從而為用戶創造新的價值體驗。

　　在這樣的行銷模式中,產品決定情境如何建構;價格是衡量情境分享程度的尺度;通路意味著運用情境,打破界限,實現跨界融合;而促銷則是情境行銷的必然結果。

　　比如,電視臺過年節目嘗試了多螢幕互動的情境化行銷模式。藉助通訊軟體首頁,觀眾可以透過手機 App 中的「搖一搖」功能,參與到由贊助商提供的搶紅包活動中。在搶到的紅包中,會顯示出「某品牌送給你了一個紅包」的字眼。

　　透過這種情境化的行銷形式,觀眾在過年這一傳統情境

之中，獲得了新的價值體驗，而廣告商和贊助商也藉此實現了更有效的行銷推廣的目的。

再比如，對於地圖，以往人們關注的是其範圍起點到終點，用戶是作為一個「旁觀者」使用的。但是在行動網路時代，人們開始關注以「我」為中心的範圍，以及相關路線資訊服務。

同時，行動端的地圖應用，也會根據個人的具體情境，推送相宜的住宿、餐飲、旅遊等產品和服務資訊，引導用戶進行情境化的消費體驗。顯然，這種基於用戶具體情境的行銷推送，更有利於達到「提升認知」與「銷售導流」的目標。

其實，情境化行銷並不是一個新概念。例如，商家在聖誕節之時，透過櫥窗、展臺等進行節日情境的安排，從而刺激消費者的購買欲望，就是一種典型的情境化行銷。簡單來講，情境化行銷就是企業基於消費者所處的具體情景和時間，透過與消費者的互動而展開的行銷推廣活動。

只不過，行動網路時代的到來，重構了傳統的情境特質，也賦予了情境化行銷新的內涵。在國際上，基於行動網路的情境化行銷被稱之為「Context —— aware Marketing」或「Ubiquitous Marketing」，即情境知覺行銷或無處不行銷。

具體而言，就是基於行動智慧裝置和技術，商家隨時對消費者不斷變化的碎片化情境進行追蹤定位；同時，利用巨

量資料（大數據）、雲端運算等先進技術，精準計算和把握消費者的偏好，以及在不同情境下的價值訴求；最後，透過行動智慧首頁、App 應用等，實現即時性的情境連線，感知用戶的具體情景，從而為用戶推送相宜的產品和服務，滿足情境化價值訴求，刺激用戶購買欲望，實現行銷推廣的目標。

那麼，面對大連線時代這一顛覆性的行銷模式，如何在情境中尋找痛點，滿足消費者的情境需求？如何讓消費者在情境中產生強烈的參與感？情境會如何改變我們的商業、工作與生活？ App 情境怎樣實現社群價值最大化？如何應對 LBS 情境行銷遇到的問題？傳統實體店如何藉助 QR Code 進行情境行銷？如何將消費情境定位與 O2O 有效結合？如何打造基於通路建構的 O2M 情境？

本書將帶領讀者俯瞰當今的時代特色，縱觀網際網路的發展途徑，對比傳統行銷模式與情境行銷模式，以求讀者能夠對情境行銷有更全面的理解。同時，本書更以實戰為特色，針對企業在情境行銷實踐過程中遇到的問題進行解答，使企業實現行銷與消費者需求的無縫對接，搶占行動網路時代行銷的制高點。

# 第 1 章
## 情境與行銷：
## 行動網路時代的商業新秩序

# 1.1 行銷大變局：
# 在「網際網路 +」時代，
# 傳統行銷模式的重構與轉型

## ▋「網際網路 +」時代，傳統行銷模式的迭變

　　隨著社會發展，人口結構發生了變化，七、八年級生成為主要的消費族群。作為新興消費族群的七、八年級生，不僅蘊含著巨大的消費能力和消費潛力，成為推動市場發展的驅動力，而且作為在網際網路時代成長起來的一代人，他們的消費行為、消費習慣、消費意識正影響著整個市場的發展。

　　隨著各大行業紛紛開始與網際網路融合，進行轉型，而經濟也必將在「網際網路 +」時代快速發展。

　　從表面上看，這一網際網路熱潮是伴隨著網際網路相關技術的發展而興起的，但實際上它離不開消費主體改變所帶來的影響。一方面，七、八年級生是在物質充裕、資源豐富的環境下成長起來的一代，他們對物質財富的認識、對人生價值的追尋、對冒險探索的理解都將影響整個商業模式；另一方面，七、八年級生是伴隨著網際網路的發展成長起來

的，他們的消費習慣和消費行為都與網際網路密不可分，同時，網際網路也是他們的主要社交和娛樂平臺，透過網際網路，他們獲取最新資訊並與其他消費者交流分享購物體驗。此外，七、八年級生的消費行為受情緒影響較大，容易衝動性消費。

對於這樣的消費族群及其消費習慣，某公司董事長兼CEO 曾這樣說過：「今天七年級生已經有超過 60% 的消費者在網上買東西。倘若你不能在網上賣，那麼你已經與 60% 的七年級生消費者沒有關係。當他跟你沒有關係的時候，我相信你也就被淘汰出局了。」

在行動網路時代，時間碎片化、線上即時化、消費理性化、資訊獲取社群化、傳播去中心化、網路圈子化等成為消費族群的顯著特徵。消費者在做出購買決定之前往往會貨比三家，選擇出貨速度最快、產品品質最好、價格最優惠、售後服務最完善的商家。

隨著行動網路的發展，線上線下的界限被打破，用戶可以隨時隨地接收到資訊，只要開啟 App 應用，就能獲取相應的資訊和服務。資訊技術的變革帶來了商業模式的重構，對於企業來說，只有占據行動智慧終端市場，才能獲得發展優勢。

隨著行動網路時代的來臨，商業結構也隨之發生變化，消費者對客製化、訂製化的產品和服務產生了巨大需求。大

眾化產品已無法引起消費者的注意，無法刺激他們的購買欲望。消費者所需要的是能夠彰顯個性、展現用戶價值的產品和服務。

從消費者，尤其是七、八年級生消費者的角度看，能夠吸引他們的產品不僅需具備強大的使用功能，還必須有漂亮的外包裝設計、完善的售後服務等，越是能展現消費者品味的產品，越能引起他們的情感共鳴，刺激他們的購物欲望。

因此，企業在設計產品時，必須充分了解消費者的需求，將價值、夢想等情感因素融入產品中，既滿足消費者的物質需求，又能引起其精神共鳴。在行動化的情境時代，情境行銷之所以有巨大的市場發展空間，原因就在於企業透過建構特定的情境，還原了人們真實的生活，引起了他們情感上的共鳴，從而提升了銷售量。

2009 年，美國網際網路行銷專家查克・布萊默（Chuck Brymer）在其著作《網際網路行銷的本質：點亮社群》（*The Nature of Marketing*）一書中，將網際網路行銷的本質概括為以最小的投入獲得最大的產出。

企業在前期準備中，需要準確定位目標閱聽人，完美策劃行銷策略，廣泛傳播企業品牌，從而形成巨大的品牌效應。企業在行銷過程中，最關鍵的一點就是如何設計產品，使之與其他企業的產品有明顯的區別，從而讓消費者在眾多

的同類產品中，選擇自己的產品。

當今時代，網際網路化和全球化成為市場競爭的兩大主題。

◆ 從市場結構來看，產品供應方的數量與日俱增，呈現出快速發展的趨勢，在以買方為主的市場競爭中，企業要想生存下來，必須準確把握消費者的需求，為其提供客製化的服務；

◆ 從消費趨勢來看，消費者的地位日益提升，消費者的需求也趨向客製化，大眾化的產品已不能滿足他們的長尾需求；

◆ 從技術發展的角度來看，隨著巨量資料技術、行動網路技術等的發展，企業有了獲取消費者資訊的便利通路，因而可以按需供應，為消費者提供他們所需要的產品和服務，進而以最低的投入獲得最大的產出。

不管哪個時代，行銷的本質都是企業與消費者建立良好的互動關係，透過這種關係吸引顧客消費，並形成用戶黏著度和忠誠度。從消費者的角度看，網際網路向行動網路的轉型改變了人們的消費行為和消費方式，打破了時間和地域的限制，消費者可以隨時隨地購物。但企業需要考慮的是，如何在行動網路時代有效發揮線上線下通路的正面影響，為消費者提供客製化、便利化的服務。

　　行銷之父科特勒（Philip Kotler）曾預言，巨量資料技術、行動網路技術等的發展，為企業的轉型提供了多種選擇：從注重大眾化的商品生產變為提供客製化的訂製服務；市場由賣方市場變為買方市場，更加重視消費者的中心地位；在產品的生產方面，也以消費者的需求為準；經濟朝著全球化方向發展。

## 巨量資料行銷：
## 巨量資料精準行銷的八大價值

　　在資訊技術迅速發展的推動之下，數位化時代已然來臨，身處如此背景之中，企業在發展的道路上又有了新的挑戰，即如何駕馭資訊使之為我所用，因為在如今的市場裡資訊已成為新的競爭命脈，利用資訊洞察消費者即是差異化競爭的關鍵所在。

　　其實，從本質上來說，網際網路就是資訊，它的獨特魅力就是可以追蹤、引導網路上的任何行為。

　　照這樣看來，我們常說的網際網路公司其實就是資訊公司，它們透過瀏覽、分享、購買等行為掌握網路中的資訊並進行分析，便可以對消費者的消費行為、消費習慣與消費心理有一定的了解，並獲悉其消費預期以及潛在的消費需求。如此一來，商家就可以以較低的網路推薦成本，獲得較高的消費者滿意度。

目前，在消費者行為資訊收集與分析方面規模最大的當屬網際網路三大廠之一的 Google，正是因其有大規模的資料庫，又配之以多面向分析工具，才能為企業提供消費者地域分布與消費偏好的定位，並使之成為新的收入成長點。

當時間的腳步邁入行動網路時代，企業在經營策略上發生了翻天覆地的變化，傳統的以產品為中心已不適應時代的潮流，取而代之的則是以用戶為核心。要在這一新形勢下取得先機，就必須對用戶進行深入、細緻的了解與分析，對其喜好、行為習慣等特點瞭然於胸，真正了解其消費需求以及潛在需求，而這些都需要巨量資料的幫助。

《大數據時代》（*Big Data: A Revolution That Will Transform How We Live, Work, and Think*）的作者維克多・邁爾・舍恩伯格（Viktor Mayer-Schönberger）在書中明確地告訴人們，巨量資料時代已然到來，而電商巨頭也說過，在人們還沒有搞清行動網路的時候，巨量資料時代來了。也就是說，運用巨量資料思維武裝自己的時機已經到了，所有資訊背後隱藏的價值都在等待著我們去發掘。

那麼，巨量資料思維究竟是什麼呢？

維克多・邁爾・舍恩伯格告訴我們這樣一個答案。

圖 1-1 巨量資料應具備的三個關鍵因素

◆ 第一，所需資訊的樣本是所有，隨機抽樣並不能得出正確的結論；

◆ 第二，注重解決問題的效率，精確度其實並不需要太過關注；

◆ 第三，問題之間的相關性要著重關注，因果關係不是重點。

◆ 巨量資料雖然名為「巨量」資料，但其真正的意義並不是「巨量」，而是落腳於「有價值」。

綜上所述，所謂巨量資料思維，其實就是能夠對資訊本身所具備的價值有一定的理解，並在此基礎上對其合理利用，提供相關結論作為企業經營決策的依據。

在有識之士看來，未來所有企業的發展都是受資訊驅動的，因為所有的一切都會被記錄，也都會被數位化。事實上，未來已不遙遠，而那些大型商業大廠早已悄無聲息地運

用起了「巨量資料」這一有力武器。

巨量資料究竟能做什麼，大廠們已經給出了答案，無論是市場行銷、成本控制，還是產品服務、管理決策的創新，乃至商業模式的更新換代，都需要巨量資料來驅動。行動網路時代已經被資訊生意所占據，所有的盈利模式都與巨量資料息息相關，PC 時代的核心：流量已經漸漸衰落。

在這樣的形勢下，巨量資料行銷已經顯現出了驚人的能量：速度非常快，成本又幾乎為零，儼然成為企業必不可少的精準行銷方式。消費者在網路上的巨量行為資訊都被即時監測或追蹤著，透過對這些資訊的篩選與分析，就能定位到目標客戶，然後向他們推出相應的行銷方案。

事實上，所謂巨量資料行銷其實就是在進行有效預測，它能夠根據之前監測或追蹤到的用戶的足跡，對接下來要做的事情進行預測，然後據此向用戶推薦可能會用到的商品。也就是說，對資訊的分析完美地實現了從監測到預測的轉變，而資訊所蘊藏的價值也得到了極致挖掘。

那麼，巨量資料行銷到底有何價值呢？對於大部分企業來說，其價值主要展現在以下幾個方面：

①對用戶的行為、特徵進行分析

如上文所說，只要匯聚到足夠資訊，就能夠憑此分析出用戶的喜好和消費習慣，甚至能比用戶自己更了解其需求，

而這其實也正是巨量資料行銷的前提與出發點，巨量資料對企業的首要價值也正在於此。

企業可以透過巨量資料獲悉目標客戶的消費習慣、行為以及心理等，然後對自己的產品進行精準定位，為目標客戶提供更有針對性的產品。

②在引導產品以及進行行銷活動時對用戶投其所好

一種產品不可能滿足所有人的需求與期待，唯有對主要目標群體投其所好才可占得市場先機，而要做到這一點需要在產品投入生產之前，就對目標客戶群體以及潛在客戶群體有深入的認知，並了解他們對產品有何期待。

如今，巨量資料行銷的運用使得所有的消費行為與行銷行為都資訊化了，因此企業藉助這一有力武器所執行的行銷活動就形成了一個圍繞資訊的行銷循環。

在這方面，影視產品就做得非常好，美劇《紙牌屋》（House of Cards）在拍攝之前，其出品方 Netflix 就透過巨量資料對目標閱聽人作了分析，得到了他們最喜歡的導演及演員名單，結果顯而易見，《紙牌屋》一面世就俘獲了大批閱聽人的心。

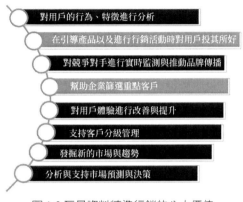

對用戶的行為、特徵進行分析

在引導產品以及進行行銷活動時對用戶投其所好

對競爭對手進行實時監測與推動品牌傳播

幫助企業篩選重點客戶

對用戶體驗進行改善與提升

支持客戶分級管理

發掘新的市場與趨勢

分析與支持市場預測與決策

圖 1-2 巨量資料精準行銷的八大價值

③對競爭對手進行即時監測與推動品牌傳播

對於企業來說，是特別想了解競爭對手的各種資訊的，而競爭對手是絕對不會主動告訴你的，那應該怎麼辦呢？僅靠猜測，還是像商戰電影裡那樣派商業間諜？當然不是，現在靠巨量資料進行即時監測就可以做到。

而在品牌傳播方面，巨量資料的用途也很廣，比如可以分析傳播趨勢，幫助品牌進一步擴大傳播範圍；可以分析傳播的內容特徵，幫助品牌進一步深入人心等等。

④幫助企業篩選重點客戶

面對浩如煙海的用戶，企業家們心中大都有一個問號，那就是哪些用戶是最具價值的，而如今有了巨量資料的介入，這個問題便有了事實依據。

追蹤用戶在網路上的足跡，從其訪問的各種網站中了解其近期所關心的東西能否與企業產生相關性；也能透過用戶在社群媒體等平臺上釋出的狀態、評論或是互動等內容找到想要了解的資訊，並發掘出千絲萬縷的連繫，然後再進行關聯組合，以篩選出企業的重點客戶。

⑤對用戶體驗進行改善與提升

當下，用戶體驗已成為企業市場競爭力的重要組成部分，所以對其進行改善與提升是極為重要的。而企業要做到這一點的前提是必須真正了解用戶並掌握其使用產品的狀況，適時適當地提醒。

例如在汽車領域，車輛行進的各種資訊可以彙集在一起，一旦汽車的關鍵零組件出現問題，就可以預警，無論預警對象是用戶還是汽車經銷商，都能在節省金錢的同時保護生命。其實這一價值並非是現在才有所展現，早在 2000 年美國的 UPS 快遞公司就已經發掘並運用了這一價值，他們對美國 6 萬輛車輛進行即時檢測，為的就是能夠進行及時修理。

⑥支援客戶分級管理

如今，新媒體技術的更新換代可謂是日新月異，越來越多的企業開始對粉絲公開內容及互動記錄進行分析，以求將粉絲轉化為企業的潛在用戶，並為其進行了多面向的畫像。

對於那些比較活躍的粉絲，巨量資料能夠分析其互動的

內容，並設定種種規則，將潛在的用戶與會員之間的資訊進行關聯，最終定位目標閱聽人，這樣一來企業便可以針對目標閱聽人群體進行精準化行銷，將社會化資訊引入到客戶關係管理之中。

⑦發掘新的市場與趨勢

有了巨量資料這一強而有力的武器，企業家們在洞察新市場時就有了更為準確的依據，並能更為精準地把握市場的走向。在 2012 年美國大選時，微軟研究院以極高的準確率預測了美國 51 個選區中 50 個選區的選舉結果，使用的工具即是巨量資料模型。

⑧分析與支援市場預測與決策

凡走過必會留下痕跡，用戶在網路世界暢遊也會留下自己的足跡，於是就產生了各個方面的巨量資料，比如瀏覽資訊、社群關係、消費行為等。而這些資訊的累積對於企業來說是非常有幫助的，可以為企業的預測與決策提供支援。對每一位消費者、每一件產品以及每一項交易活動進行數位化，就能夠最終還原每位消費者的原始需求。

曾經，商界大廠索尼的衰落令無數人為之唏噓，而探究其衰落的根本原因，索尼創始人是這樣認為的：新一代的網際網路企業能夠憑藉新模式與技術更貼近消費者，並能夠理解其需求，還能對其各種資訊進行分析與預判；而傳統的產

品公司如不能及時做出反應，衰落自然難以扭轉。也就是說，傳統的產品公司在對消費者意願及主權把握等方面不及網際網路公司靈活。

維克多·邁爾·舍恩伯格早就對巨量資料時代進行了預言，以巨量資料為核心的商業價值將成為各行各業爭相開發利用的焦點，因為巨量資料成就了一個時代的轉型，就像是望遠鏡的出現讓我們可以認識宇宙、顯微鏡的發明讓我們能夠觀測微生物一樣，這是我們認識世界、理解世界以及改造世界的方式的改變，由此會衍生出大量的新發明與新服務，並會帶來更多的改變。

## 社群行銷：社群粉絲效應下的行銷裂變

人類的生存發展以社群為基礎，從原始時代開始，人類就以部落為生存單位。在生產力低下的時代，人類只有聚集在一起，才能積聚力量，獲得食物，戰勝自然。隨著社會的發展，好的社群依然能夠發揮正面影響，給人精神上的愉悅，使人獲得安全感。但在當今社會，這種值得信任的社群卻如鳳毛麟角，少之又少。

一般而言，人們活動最為頻繁的社群就是家庭和公司。在與家庭成員交流溝通的過程中，有時會涉及經濟利益，而與公司社群成員連繫時，更無法避免利益糾紛。只有一部分人生活在相互信任的家庭和公司中，與社群成員的交流溝通

也是以相互信任為基礎，並且能從家庭和公司中獲得內心的安寧、精神的愉悅。

作為一個獨立的個體，人們有很大的自主權，可以自由選擇想要加入的社群。這就意味著，他們所加入的社群是經過他們認可的，社群的性質、特點，他們在加入之前就有了比較清晰的認識，因而就會信任所加入的社群，獲得安全感和愉悅感。

法國社會心理學家古斯塔夫‧勒龐 (Gustave Le Bon) 在其著作《烏合之眾》(*The Crowd A Study Of The Popular Mind*) 一書中提到，外界環境很容易影響社群的選擇。由於社群成員期望得到別人的關注，因此一旦有來自外界的關注，他們一定會受其影響，並且社群具有判斷力低下、缺乏理性、容易輕信等特點，致使他們會輕易相信外界的所有暗示，做出非理性決定。作為獨立個體的人，在進入社群之後，會喪失個人判斷，轉向集體無意識。

社群是將具有相同興趣愛好、個性特點的人聚集起來的部落，社群中的成員對外會呈現共同的特徵，有著相同的消費習慣。例如，穿 ARMANI、Gianni Versace 的人不會跟穿 UNIQLO、Zara 的人組成一個社群，開瑪莎拉蒂、Aston Martin 的人也不會跟開 Toyota 的人組成一個社群，而出入上等餐廳的人也不會與經常光顧路邊攤的人組成一個社群。

隨著行動網路時代的來臨，消費者對產品價格的敏感度

降低，轉而關注產品所帶來的體驗以及口碑、文化、魅力人格等情感因素。優質的產品能促進企業與消費者的連繫，加強他們彼此的信任；同時，企業也更願意和一群有共同興趣愛好、價值觀念的消費者交流互動，從而形成品牌效應。

社群精神是凝固社群成員關係的重要因素，它能夠刺激成員的創造力和活力，挖掘出成員的潛力，對社群的發展形成促進作用。而這種社群精神常常出現在高凝聚力的社群組織中，其成員會對社群產生極大的依賴性和黏著性。

隨著網際網路的發展，時間和空間的界限被打破，人們可以更方便地交流資訊，有著相同興趣愛好的人可以聚集在一起，組成社群。

2009 年，美國網際網路行銷專家查‧布萊默在其著作《網際網路行銷的本質：點亮社群》一書中指出，隨著網際網路的發展，我們的生活方式、價值觀念、消費行為等都將發生變化，尤其是商業模式將會發生翻天覆地的變化。

在行動網路時代，企業需要找到消費者的興奮點以及消費族群中的意見領袖，從而實現品牌效應。

隨著網際網路的發展，傳統的商業格局被打破，市場重塑新的商業模式；市場競爭由以產品為中心轉向以用戶為中心，致力於為消費者提供最優質的服務。透過行動網路，企業拉近與消費者的距離，並實現良好的交流互動，從而發揮社群效應。

在傳統工業時代，產品是企業競爭的主要因素，而隨著行動網路時代的來臨，社群價值逐漸取代產品的價值，並產生了重大影響。社群成員的需求可以直接回饋給企業，而不需要透過任何仲介。

某 3C 品牌成功的關鍵性因素就是「為發燒而生」的設計理念吸引了一大批粉絲，從而形成一個社群。這個社群中的成員對手機有著共同的需求，他們希望使用品質較好、性價比較高的手機。而對於某 3C 品牌來說，它不需要去調查每一位用戶的需求，只需了解社群中用戶的需求即可，這些用戶就是它的潛在客戶。

既然社群能產生如此大的影響，那麼，對於企業來說，應如何建構自己的社群？克萊·舍基（Clay Shirky）在《未來是溼的：無組織的組織力量》（*Here Comes Everybody:The Power of Organizing without Organization*）一書中提出，企業要建構社群需要具備目標、工具、行動三大因素，三者缺一不可。

圖 1-3 社群建構的三大因素

◆ 共同的目標：它能夠將具有相同興趣愛好的個體聚集起來，形成社群。

◆ 高效率的協同工具：它能提高社群成員的工作效率，達到事半功倍的效果。

◆ 協調統一的行動：它能夠維持社群穩定，並實現社群成員的共同目標。

邏輯思維在進行「失控」式發展時，將有相同興趣愛好的粉絲聚集起來，形成社群，從而提升社群的品牌性和知名度，並吸引更多粉絲加入，進而形成良性循環。從中我們可以看出，將產品和服務做到極致化、細微化，有助於為消費者提供客製化、訂製化的產品和服務，使產品以消費者喜聞樂見的形式傳播，以此形成用戶黏著度和忠誠度。

雖然社群成員有著共同的目標和興趣愛好，但他們每個人還有自身的特點，因此應精確劃分社群成員，滿足每一個社群成員的需求，最終實現產品行銷通路的轉變。所以，消費者獲得的產品和服務可能是免費的，也可能是參加活動贈送的，但產品所帶來的愉悅感並沒有發生變化。

因此，在行動網路時代，誰能夠抓住時代特徵，發揮社群價值，誰就能在激烈的商業競爭中掌握主動權。

## 情境行銷：碎片化情境時代的行銷新思維

《爆發：大數據時代遇見未來的新思維》(*Bursts: The hidden pattern behind everything we do*) 的作者艾伯特‐拉斯洛‧巴拉巴西 (Albert-László Barabási) 曾說：「人類的很多活動都是重複性的活動。我們傾向於去同一個地方工作、同一個地方娛樂等，因此這些行為都具有很大的可預測性。以前，我們沒有收集資訊並因此發現這些規律的手段。現在，隨著手機及其他類似工具的出現，我們可以輕易量化這些規律，可運用這些規律蘊含的預測能力。」

隨著行動化情境時代的來臨，消費者的消費行為和消費習慣發生了翻天覆地的變化，與此同時，商家營造的消費情境也在發生變化。消費者被大量的行銷廣告包圍，不斷獲取產品的最新資訊，由此，原本靜止的消費行為會被隨時建構的行銷情境觸發，行銷從單純的銷售商品轉向搭建合適的情境，並擺放合適的產品，在商家與消費者的互動中銷售產品。

因此，在行動網路時代，如何實現情境化行銷，以及如何將內容與情境有效匹配發揮應有的效應，成為企業共同面對的問題。情境不僅涉及廣告傳播的通路，更與消費者的購物體驗密切相關，建構特定的情境，可以引起消費者情感的共鳴，進而刺激他們的購買欲望，最終形成品牌效應。

情境建構在產品的行銷中占據著十分重要的地位。只有基於用戶的需求，貼近實際，才能創造出真實的生活情境，而研究消費者的生活習慣和消費行為則能夠幫助企業研發新產品，營造情境，驅動消費者為產品買單。將廣告宣傳與消費者的現實生活和產品特點相連接，是企業進行廣告宣傳的常用手段。

例如，青箭口香糖在影院裡的廣告是「這裡你可以靠得很近，有青箭你可以靠得更近」，而 SUBARU 在健身房的廣告詞「為你的堅持買單」，就與健身房的情境相吻合。

實際上，簡單的廣告推送不能被稱為真正的行銷，因為它沒有從情感上觸動消費者。只有那些精心建構了真實生活情境的產品，才能從情感上觸動消費者，刺激他們的消費欲望，同時還能夠讓他們自主傳播產品資訊。當消費者自願參與到產品的宣傳中時，廣告對於他們便不再是干擾，而是生活中必不可少的內容，由此，產品就能在更廣範圍內傳播，得到更多消費者的支持。

一般而言，企業要想使產品打動消費者，都需要建構一定的情境。隨著行動網路技術、智慧家居、巨量資料、即時感測器等的發展，企業在獲取消費者資訊方面有了便利的通路。例如，可以藉助行動網路透過行動智慧裝置即時獲取消費者的資訊。通常，大部分人都是 24 小時隨身攜帶行動智慧裝置，因此，企業獲取的資訊就更為即時、有效、精準。

例如，UBER 作為最具創新力的汽車共享預約服務平臺，有著非常高的用戶黏著度和使用頻率。為用戶提供高品質的服務。由此，更多的品牌開始與 UBER 跨界合作，建構行銷情境。

透過一個個具體的情境，品牌實現跨界合作，吸引了大量的消費者。

例如，同樣是咖啡，但在不同的場合，它與不同的品牌相結合，會產生不同的行銷效果。

在星巴克和 Costa，咖啡與商務相融合。在不同的場合，咖啡扮演的角色也不同，但相同的是，咖啡在人們需要它的場所出現，因而提升了消費者在那一情境中的消費體驗。同理，不僅是咖啡，其他任何事物都可以在需要它的場合出現，進而產生巨大的影響。

隨著行動網路的發展，企業可以透過更多的通路為消費者提供服務，滿足其長尾需求。企業透過建構特定的情境，可以引起消費者情感上的共鳴，刺激他們的消費欲望。由此可見，隨著行動化情境時代的來臨，企業的商業競爭將轉向情境的競爭。

# 1.2 情境時代來臨：
# 重塑商業、生活與消費的連結

## 網際網路發展途徑：
## 流量時代、資訊時代、情境時代

　　網際網路對傳統商業生態的變革是顛覆性的。網際網路發展經歷了流量時代、資訊時代和如今的情境時代三個階段。在不同發展階段中，網際網路對商業系統的重構模式也有所不同。

圖 1-4 網際網路發展經歷的三個階段

## (1) 第一階段：流量時代

　　在網際網路興起之初，不論用戶還是商家都處於摸索階段。這時，對於企業來說，最重要的是能夠贏得用戶的關注。網際網路作為一個新生事物來到人們面前，任何內容都

會引起人們極大的參與興趣。因此，對於各個企業來說，這一階段主要是入口之爭。誰占據了網路入口，誰就能擁有流量，也就會獲得用戶的關注。

這一階段可謂是網際網路企業發展的黃金時期。藉助網際網路在社會生活中的快速發展，越來越多的人加入網際網路領域。企業只要能夠有效地滿足用戶的核心價值訴求，就能夠引起用戶的關注，占有龐大的流量，並逐漸形成自身產品和服務的競爭優勢。

這是一個爆發式的野蠻生長階段，大量企業都獲得了初期發展的流量紅利，並逐漸形成了固定的行業格局。

例如，在網際網路門戶領域，經過激烈的角逐，最終形成了各大搜尋引擎入口網站；在團購行業，經過幾年的「多國混戰」之後，也迅速形成了幾個團購巨頭為主導的行業格局。

## (2) 第二階段：資訊時代

在經歷了「流量為王」的第一階段之後，各個領域的用戶流量成長放緩，趨於平穩，行業入口也大致固定下來。這時，隨著巨量資料技術和雲端運算應用的發展，企業的網際網路市場競爭進入了資訊化時代。

具體而言，這一階段的企業，無法再單純依靠流量的增加實現快速發展，而需要對用戶需求進行深度地分析挖

掘，滿足用戶更深層次的價值訴求，從而創造出更多的商業價值。利用巨量資料等技術工具，企業能夠對用戶的消費訴求、行為特徵、興趣偏好等資訊進行收集、整理、分析、歸類，更加精確地定位不同用戶的消費需求，從而為用戶提供更加多元化、客製化的價值體驗。

如果第一階段的流量時代是以「數量」取勝，那麼第二階段的資訊時代就是以「品質」取勝，即流量紅利期結束，企業更應側重如何透過深耕細作，為用戶提供優質的客製化體驗，從而將流量變現。

網際網路是一個創新求變的領域，始終處於高速變化發展中。對於企業來說，網際網路時代的商業環境可謂瞬息萬變，以往市場的「大魚吃小魚」模式，被「快魚吃慢魚」的競爭方式所取代。因此，企業只有及時敏銳地把握網際網路的階段性特質，進行營運模式和思維的轉型創新，才能在風雲變幻的市場競爭中占據主動地位。

簡單來講，網際網路具有階段性特徵的直線替代關係，即後一發展階段的特質會直接取代前一階段的特質。這既是網際網路創新求變的本質要求，也是在網際網路領域，那些市場反應敏捷、發展機動靈活的小微企業更容易取得成功的原因。

這就如同一個在大雪中追逐野兔的獵人，需要始終保持快速敏捷的反應，以隨時掌控獵物的動向，而當獵物線索消

失後，就要果斷放棄，轉而尋找新的機會。網際網路時代的商業競爭也是如此，若不能及時把握這一階段發展的最佳時機，就會在競爭中處於弱勢，直到再次抓住新的發展階段的機遇。

### (3) 第三階段：情境時代

經過了流量的野蠻發展和資訊化的深耕細作之後，用戶的產品需求早已達到飽和，同質化的線上體驗也呈現出疲倦狀態。僅靠線上體驗的創新，已經無法有效刺激用戶的參與興趣。這時，網際網路發展自然就進入了新的階段，即情境化體驗時代。

這是一種垂直化、細分化、客製化的價值訴求，是一種線上線下體驗的高效整合，是線下流量的線上導入。

隨著智慧終端和行動網路技術的發展普及，網路入口呈現出多元化、即時性、情境化的特點，人們也始終處於碎片化的生活情境之中。這時，用戶更看重的是基於碎片化情境的價值體驗，而不僅僅是優質的線上產品和服務。

因此，企業要利用各種手段，準確定位和細化用戶的不同情境需求，將線下的即時情境與線上的優質服務有效連線起來，透過建構新的體驗情境，為用戶「講故事」，從而滿足用戶客製化、垂直化、碎片化的情境訴求，實現價值創造。

其實，在經歷了「流量為王」和「資訊為王」兩個發展階

段之後，線上仍可開拓的市場空間和商業價值已經變得極為有限。這時，企業需要做到的是，緊緊把握行動網路時代的經濟新常態，積極挖掘線下的商業價值，利用行動網路技術和平臺，實現線上線下的高效連線整合，將線下流量導入線上，利用線上技術和平臺更新改造線下業務流程。

相對而言，網際網路的情境時代更加凸顯了網際網路作為工具和平臺的角色功能，也更能展現網際網路連線一切的本質。情境時代是一個追求體驗價值的時代，需要企業透過線上線下的有效融合，為用戶帶來符合碎片化情境需求的體驗價值。

簡單來講，對於網際網路企業來說，他們需要更多的「網際網路＋」；而對於傳統企業來說，他們需要的則是「＋網際網路」。

## 告別流量迎接情境：已經到來的情境時代

隨著行動網路時代的到來，人們的生活方式逐漸發生變化，閱讀、購物、旅遊、遊戲、交友、影片等逐漸由 PC 端轉向行動端，與此同時，巨量的資訊充斥著人們的生活，將大段的時間切割成一個個分散的時間段，時間呈碎片化發展。由此，企業在行銷方式與策略上發生了變化，更加強調互動的及時性。

所有的變化都預示著行銷已進入情境化時代，企業應更加注重用戶的體驗，為其建立真實的生活情境，以抓住其痛點和癢點。

### (1) 流量模式成明日黃花，行動網路講究精準

在 PC 時代，「流量」是衡量一個網站人氣高低的指標，而隨著行動網路的產生和發展，流量經歷了四個階段（圖1-5）。

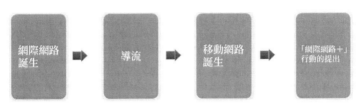

圖 1-5 流量模式經歷的四個階段

① 第一階段：網際網路誕生

與網際網路有連繫的一切，如搜尋引擎、網址導航、電子商務等，都會吸引用戶點選訪問，流量變現的成功率很高。

② 第二階段：導流

用戶開始有選擇地瀏覽網站，流量變現的轉化率降低。為此，企業開始在網頁製作、網站營運等方面投入時間和精力，推出「聚合搜尋、導購」等模式，但仍然依靠流量獲取利潤。

③第三階段：行動網路誕生

隨著行動網路的產生及發展，時間和空間的限制被打破，人們的生活方式和生活習慣逐漸發生變化，行動端逐漸取代 PC 端成為用戶上網的入口，時間呈現碎片化、分散化的狀態，流量變現逐漸邊緣化，用戶以自我為中心，追求客製化需求的滿足。

④第四個階段：「網際網路 +」行動的提出

### (2)碎片化時間情境行銷，讓網際網路不再焦慮

隨著行動網路時代的來臨，時間趨於碎片化，用戶可以隨時隨地瀏覽網頁，獲取資訊，對於企業來說，如何在碎片化時代吸引消費者的注意力，實現精準行銷成為困擾他們的難題。

在行動網路時代，企業要想吸引用戶、留住用戶，形成用戶黏著度和忠誠度，就需要利用碎片化時間與用戶及時交流溝通。

例如，企業可以建立一個真實的生活情境，讓消費者在體驗的過程中產生消費的欲望，從而實現行銷的目標。這種基於情境化的銷售，為企業在碎片化時代提供了新的行銷思路，同時也預示著情境化行銷時代的到來。

除此之外，情境化行銷時代也更加以用戶為中心，利用網際網路、巨量資料等獲取用戶資訊，並歸納分析，建立資

訊模型，抓住消費者的痛點和癢點，提供客製化的服務。

情境化在國內外的應用比較頻繁，同時也產生了巨大的作用。例如，建立犯罪情境，可以重現犯罪現場，幫助警方破案，甚至可以在事故發生時，將傷害減少到最低；而目前情境化主要應用於購物等服務領域。毋庸置疑，現代社會已步入情境化行銷的時代，社會生活、商業規則將發生翻天覆地的變化。

## 重新定義「情境」：對情境商業的八個認知維度

### (1)理解 60 秒馬桶時間就能理解情境

由於情境不同，設計者在設計或推送產品時，會選擇不同的策略。當符合特定情境的產品出現時，它便會受到消費者的喜愛和歡迎。

因此，傳統企業可以將情境展示作為刺激消費者需求的方法。為此，傳統企業需要對市場環境進行詳細考察，了解消費者的痛點和癢點，並為此建構真實的生活情境，使產品與生活融為一體，真正做到為消費者創造價值。

### (2)傳統企業的致命弱點是沒有這種情境感

無論商業規則如何變化，唯一不變的是企業需要與消費者保持良好的互動，但與網際網路企業相比，傳統企業的弱勢就在於，它們無法與消費者保持良好的互動，以至於無法

滿足消費者的長尾需求。

例如計程車行業，在 Uber 興起之前，人們的外出主要是依靠計程車。但是在叫車過程中人們會遇到諸多不便，如叫不到車、車費太貴等。這些被計程車行業忽視的消費者痛點卻被崛起的網際網路企業抓住了，同時，新興的 Uber 等公司還能抓住消費者的癢點，為其提供滿意的服務。基於網際網路產生的 P2P 租車行業就是一種情境化的應用。

傳統企業要從以產品為中心轉向以消費者為中心，及時抓住他們的痛點和癢點，以適應情境化時代的發展。

### (3) 每一個情境都可能成為共享經濟的一部分

在共享經濟時代，產品的使用權和所有權相分離。消費者外出旅行所住的房子不是自己的，所乘的車子也不是自己的，而是透過 Airbnb、Uber 等軟體租用別人的；同時，外出期間，自家的房、車也可能被別人租用。共享經濟以分離所有權和使用權的方式，提高了整個社會資源的利用效率。

在未來，共享經濟可能不再局限於住宿、交通等領域，還會蔓延到教育、醫療等其他行業，每一個生活情境都有可能成為共享經濟的一部分。

### (4) 從一個小情境切入，有無限的商業可能性

社群是一個有著相互關係的網路，透過社群，可以實現跨界。

處於同一個社群中的人或企業，他們之間總會存在相似性，比如興趣愛好、價值觀念以及生活方式等。從其中的一個個體入手，就可以連繫到整個社群，從而發現無限機遇。

例如，某個影視明星的粉絲購買他的專輯或書，代表的就是喜歡這個明星的群體，他們有著相似的興趣愛好、價值觀念。從喜歡這個明星的影視作品，支持收視率，轉向帶動圖書的銷售，為商業的跨界提供了可能。

### (5)「以人為中心」就是除了人什麼都可以不要

「以人為中心」的觀念不同於「以人為本」，它不強調用戶的重要性。

情境化時代的社群也會產生粉絲效應。當企業擁有 1,000 個粉絲，並且這些粉絲完全認同企業的價值觀念時，那麼企業就不再把這些粉絲看成單純用戶，而是看作企業的擁護者了。

### (6)沒有亞文化表徵的社群沒有商業化的價值

亞文化是相對於主流文化來說的，是在某一地區或集體內流行的觀念和生活方式。

隨著經濟的發展和社會的進步，資源短缺的時代已經過去，消費者開始追求精神上的滿足，他們會選擇自己認同的生活方式以及價值觀念。如果情境中不具備他們所需要的亞文化表徵，那麼這一群體就會轉向能滿足他們需求的商業情境。

## (7)情境沒有優劣之分：從三個角度去考慮

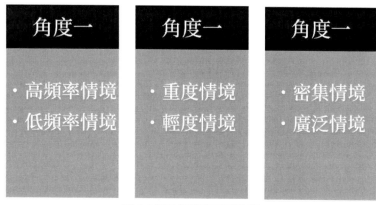

圖 1-6 區分情境的三個角度

①高頻率情境和低頻率情境

高頻率情境由於自身的特性，能夠在最短的時間內吸引到眾多的消費者，因此它應以獲取用戶為發展重點。例如，女孩喜歡美甲，會經常做指甲，但到美甲店卻需要花費時間和精力。為此，有品牌推出上門 O2O 美甲服務，當消費者體驗到這種服務的便捷性後，便會再次消費。

低頻率情境與高頻率情境正好相反，由於不具有信任關係，因此很難維持長久的合作，但單次消費的利潤更高，如婚禮。

②重度情境與輕度情境

重度情境是指生活中隨處可見的情境，如瑜伽、游泳等，有著廣闊的市場資源，但容易形成惡性競爭。輕度情

境與重度情境相反，它在生活中不常見，但蘊含著發展的潛力。

③密集情境與廣泛情境

密集情境是生活中人群聚集較多，並蘊含著情感成分的情境，同時密集情境還充當著其他情境相互連繫的媒介。廣泛情境的提及率較高，但沒有實際意義，需要向密集情境轉變。例如，普通的咖啡館沒有內涵意義，若是做成一家集咖啡、聚會、文化於一體的綜合場所，那麼它就具有文化、情感上的意義了。

## (8)沒有資訊部門的企業很快就會被淘汰

當今時代已是巨量資料的時代，企業的發展也離不開資訊支援。隨著時代發展，資訊部門將會如銷售、生產、人力資源等部門一樣，成為企業的組成部分，而沒有資訊部門的企業將錯失良機，被時代淘汰。

建立資訊部門只是企業實現情境化行銷的第一步。接下來企業要做的就是處理複雜的客戶關係，即藉助 CRM 系統，用巨量資料記錄和分析用戶的行為資訊，並建構資訊模型，建立用戶圖譜，以此了解消費者的痛點和癢點，為其建構真實的生活情境，從而實現情境化行銷。

## 生活情境下的商業體系與行銷系統

2015 年伊始，開始引起關注的，還有「情境行銷」這個詞語，各大入口網站、經濟評論、相關論壇中都頻頻提及情境行銷。

我們到底應該怎樣去理解「情境」？情境行銷在人們的生活中產生了什麼樣的影響？商家怎樣才能在情境行銷的激烈競爭中維持自己的地位？在考慮這些問題的時候，首先應該聯想到《理解媒介》（*Understanding Media:The Extensions of Man*）的作者馬歇爾・麥克盧漢（Marshall McLuhan），曾表達過的一個觀點，即立足長遠，以退為進。

### (1)商業體系繞不開的「情境」

要正確理解「情境」，第一步要做的是拋開所有附加與衍生的解釋，找尋這個詞語的本義。

翻開《現代漢語詞典》可以看到，對情境的闡述分為以下兩種：戲劇、電影中的場面；泛指情景。

在這裡我們論及的「情境」，指的自然是某種特定場合下的情景。生活中處處是情境，也就是說，情境自人類誕生就已存在。而情境行銷則是伴隨商業的出現而誕生的，無論何時何地，情境都與行銷如影隨形，只要經營者在銷售商品，就必定伴隨著特定的情境。這也就意味著，我們現在對情境行銷的應用只是沿襲了一直以來就存在的行為，只是這種策

略逐漸成為行銷不斷發展的鮮明特徵。生活中處處離不開行銷，行銷就是生活。

在某種情境下進行的行銷才是行銷策略應用的最佳展現，然而，現代網路技術的運用在方便人們生活的同時也減少了經營方與顧客現場交流互動的機會，多樣化的媒介阻隔了商家與用戶的直接溝通，也不容易建立最有效的行銷情境。

採用情境行銷模式為的就是打破商家與用戶之間的阻隔，在二者之間架起一座橋梁，換言之，經營方致力於為用戶打造某種特定情境，目的是使身處該情境中的用戶轉換成其產品的消費者，最終買下他們的產品。所以說，情境的建構推動了商業的發展。

需要釐清的是：生活就是情境。所有人當前身處的整個環境就是情境。行銷作為生活的構成元素，自然也與情境有著密不可分的關係。不管是已經過去的歷史時期，還是遙不可及的未來時空，成功行銷的前提之一都是建構合適的情境。

在網路行銷還未興盛之時，實體商家取得成功的基礎是完善自身的通路體系，即透過不斷建構線下情境進行產品行銷，比較常見的例子有街頭巷尾的橫幅廣告、零售超市舉辦的優惠活動等等。

如今，行動網路技術水準不斷提高，手機這種行動客戶終端除了具備最基本的通訊功能之外，更成為連線用戶與商家的線上平臺，在經濟發展中的重要性更加突出。

情境活動吸引了大量用戶參與，活動結束後，企業要做的就是保證此次行銷的效果，即怎樣將巨大的流量轉換成公司可獲得的利潤，怎樣使流量不至於迅速流失，怎樣將這些用戶轉換成自家商品的消費者，毫無疑問，這都需要打造特定情境。

未進入行動網路時代時，商家在競爭時將目光鎖定在入口與流量上，如今，情境是他們競爭的焦點。將流量成功轉換成盈利方式需要做的便是根據具體情況打造合適的支付情境。經過分析不難彙整出，當前行動網路領域中排名比較靠前的企業，都很擅長建構情境。

不同類型的企業有不同的切入點，電商巨頭的切入點是網購，它們建構情境的方式是用與以往不同的新型購物方式吸引用戶並將其轉化為消費者。社群軟體的切入點是社交，其建構情境的方式是打造公眾平臺、派發紅利或者開放微電商經營。

經過上述分析，我們能夠彙整出的一點是，隨著行動網路取代傳統網際網路，流量在經濟發展中的作用逐漸減弱，而情境建構的重要性愈加明顯，那些擁有巨大流量但不知怎樣透過情境打造來變現的企業，將會被市場淘汰。

## (2)情境行銷離不開「系統」

按照上述說法，也許有人會誤以為企業只要建構出合適的情境就能所向披靡，其實不然。在企業行銷過程中，情境建構固然重要，但從宏觀角度來說，這個過程是一整個體系在運轉，如今的網際網路領域並不是一成不變的，很多因素都在時刻變動，企業應該注重行銷的系統化。

要在激烈的競爭中占據優勢地位，企業應該立足全域性，不能只關注情境建構。可以說，企業在發展過程中，無論是品牌策略還是整體策略，還是具體廣告行銷和整體的行銷策略，在行銷系統中都是息息相關的，是整體的一部分。情境行銷只是整個行銷體系中的組成部分。

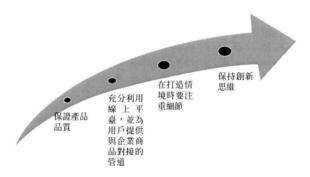

圖 1-7 企業進行情境行銷的「系統」策略

①企業需要保證產品品質

這是一切的基礎，一切品牌及行銷策略的應用，最終都要回歸到產品上。企業的利潤獲取要建立在產品的基礎上。

如今，隨著行動網路的發展與變遷，產品外延因消費者的思維及行為習慣而逐漸向外拓展，企業應該著重考慮開發產品與提高產品品質，這是企業面對激烈競爭能夠生存下去的根本，任何企業都不能忽視這一點。

②企業在行銷中除了充分利用線上平臺，還需為用戶提供與企業商品連接的通路

接下來，企業為了保持流量的成長態勢就要應用多種行銷方式來吸引用戶關注。

企業在行銷過程中，應該注重資訊統計及處理，運用巨量資料分析技術，從多方面、多角度對用戶回饋的資訊進行統計，並交給內部的分析系統，經資訊處理後找到用戶的核心需求，在此基礎上建構能夠吸引用戶的消費情境。

從用戶的角度來說，「巨量資料」時代使其思維方式和消費行為呈現出新的特點，現在還無法估測出這種改變對行銷行業會產生什麼樣的影響，不過這儼然已是大勢所趨。

③在打造情境時要注重細節

◆ 第一，各個情境之間並不是孤立存在的，不同情境結合在一起共同構成整個市場，如果呈現給消費者的情境足夠詳細到位，而消費者本身確實有這樣的需求，就能打動他們，最終使消費者購買產品。情境越注重細節，對消費者的影響力越大。

◆ 第二，建構出來的情境不能顯得太突兀，要貼合現實生活，盡量不要讓消費者覺得是刻意為之，要讓身處其中的消費者受到潛移默化的感染，自然而然地做出購買產品的決定。

◆ 第三，在打造情境的過程中，也可以根據自身產品的特點將市場定位做得更加精準。迄今為止，支付情境尚缺乏多樣性，且以電商領域為主，企業應該進一步採取措施打破這種局限。蘋果 CEO 賈伯斯（Steve Jobs）曾表達過這樣一個觀點，即消費者的需求是需要商家去發掘的。

的確，有些情境必須呈現在用戶面前才能刺激他們對產品的購買欲望。企業需要尋找客戶的潛在需求，然後用直截了當的方式展示給客戶，客戶在受到觸動後就會進行消費。

④具備了前面提到的條件後，企業還需要注重的就是保持創新思維

如今，我們身處風雲變幻的行動網路時代，市場格局隨時都可能發生變化，比如蝦皮顛覆了線下消費，將越來越多的消費者轉移到網路平臺，在網際網路消費領域扮演著先導者角色；LINE 在為用戶提供社交功能的基礎上向外拓展，新增支付功能，在電商領域發揮著越來越重要的作用；還有許多企業利用創新思維在行動網路領域找到了新的商機。

哪個企業會成為新時代的引領者？行銷領域什麼時候會呈現新的發展態勢？總而言之，所有企業都在發展過程中致力於創新思維的運用，若企業缺乏創新而只是一味照搬，那麼遲早會被激烈的競爭淘汰出局。

當然，我們這裡所說的企業創新，並不是指「異於他人」那樣簡單，而是要在理解與把握企業經營理念、品牌文化、整體行銷模式的基礎上，採用適合自身發展情況的行銷策略，建構新的情境，關注產品開發等等，將目光放長遠，努力打造新時代引領整個消費潮流的產品或服務。

# 1.3 情境革命：情境如何改變我們的商業、工作與生活

## 情境娛樂：全時段不間斷娛樂模式，沉浸式體驗

### (1) VR 虛擬實境：讓娛樂的體驗更加真實

虛擬實境技術有三個主要特點:沉浸感、互動性及構想，該技術在發展過程中始終以這三點為中心。這幾個特點也是虛擬實境技術與電腦視覺化技術、多媒體技術差別最大的地方。

圖 1-8 虛擬實境技術的三個主要特點

用戶在應用虛擬實境技術時，會感覺自己身處一個與現實生活很接近的時空裡，這就是沉浸感；用戶可以與虛擬空間中的事物進行互動，這就是互動性；用戶在應用虛擬技術

時，可以得到自己需要的資訊，並對資訊進行深入理解，在掌握知識的同時得到思維上的啟發，這就是構想。所以，虛擬實境能夠對人們發揮創造力產生正面作用。

這個房間占地 121 坪，裡面安裝了許多供用戶體驗虛擬空間技術的智慧化裝置，包括動作感應裝置、PlayStation Eye 動作追蹤裝置、PlayStation Eye 頭戴式顯示器等等，總數近 130 個，體驗者會完全沉醉於這樣的情境之中，也可以更加方便地選擇適合自己的商品。

## (2)遊戲隨手開啟：手遊快速碎片化模式娛樂

網際網路的普及使我們的生活節奏不斷加快，很多上班族每天穿梭於公司與住處，除了工作之外，他們還要騰出時間與朋友保持連繫、與同事連繫感情、與伴侶約會，不可能再像之前那樣有大把的時間用來玩遊戲。在這種情況下，碎片化時間的利用越來越被重視。

統計結果顯示，當人們乘坐交通工具或者閒暇時，67% 以上的人會選擇用手機打發時間，即使在廁所裡，也有 40% 以上的人會盯著手機螢幕。人們無時無刻不把手機帶在身邊，手機遊戲成為人們打發時間的重要方式。手機遊戲的開發者及經營商需要做的就是充分利用人們的碎片化時間。

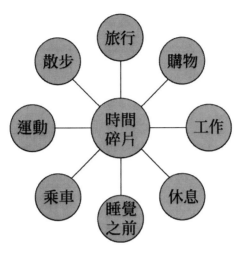

圖 1-9 碎片化時間

怎樣才能利用人們的碎片化時間呢？

①要素一：遊戲操作簡單化

因為碎片化時間是比較分散的，多數人只想在有限的時間裡放鬆娛樂一下，而不想過於集中精力，他們更傾向於選擇那些操作簡單的手機遊戲。另外，在這種情況下，人們所處的姿態也各式各樣，或坐著，或躺著，或蹲著，總體而言，都不太適合玩那些專業度高、比較複雜的手機遊戲。

②要素二：遊戲關卡時間盡量縮短

碎片化時間的集中性比較弱，遊戲關卡時間應該盡量縮短，通常以不超出 10 分鐘為佳，便於用戶掌握時間。比如用戶工作的間隙或者去廁所的時間，短暫的時間之後，用戶通

常要投入工作或者學習中，如果沒有足夠的時間闖關，就不能帶給用戶心理上的滿足感。

③要素三：趣味性要強

用戶在碎片化時間裡通常處於閒暇狀態，急需找一件能夠鼓舞自己興趣的事來做，所以手機遊戲需要具備較強的趣味性，這可以透過增加遊戲角色與用戶之間的互動性來增強。

④要素四：吸引「附近的人」

從本質上來說，網路遊戲即與志同道合的網友一同體驗遊戲的過程。以主機遊戲來說，最關鍵的就是打副本及組團挑戰，這對參與者提出了較高的時間要求並需集中精力。手機遊戲則不同，它並不受時間及空間的限制，所以手機用戶通常無法獲得像主機遊戲那樣的遊戲體驗。

不過在碎片化時間裡，附近也會有與自己一樣閒下來的用戶。若遊戲開發者能夠想辦法將這些處在相同狀態的人集中起來一同參與手機網遊，應該也會受到很多用戶的青睞。

⑤要素五：重社交性

很多用戶還會在閒暇時登入手機上的社群平臺，如果手機遊戲研發者能夠使用戶邊玩遊戲邊與其他玩家進行互動，就可以進一步提高碎片化時間的利用率。

⑥要素六：遊戲的可打斷性

雖然增添了許多新功能，但通訊功能仍然是手機的核心

功能，所以如果在遊戲過程中遇到來電使用戶的體驗被打斷，就意味著遊戲參與過程的不連續性。如果不能做好用戶在接電話這段時間的遊戲操作，那麼多數用戶下一次感覺需要在中間接電話時就不會再選擇該遊戲了，對此，遊戲開發商可以參考棋牌類遊戲的做法，在用戶離線時自動進行。

行動網路的普及使用戶在零散的閒暇時間也可以連線網路應用，手機遊戲要想成功吸引用戶，就要充分整合碎片化時間，採用情境策略來進行手機遊戲的研發與行銷。

⑦參與感十足：人人可以表演、可以參與

在傳統社會中，電子競技並沒有得到太多人的重視，網際網路思維的運用，大大提高了它的地位，從事遊戲主播的年輕人也成為現在新一代的富豪。

⑧泛娛樂體系：IP 版權娛樂經濟全面涵蓋，不再單一

Intellectual Property（智慧財產權）簡寫為 IP，也就是影視傳媒行業經常談及的版權或著作權。圍繞版權開展的一系列文化活動，包括版權買賣、影視作品的生產與推出，以及遊戲、角色模型、實景娛樂等商品的經營，還有明星包裝及由此發展而來的粉絲經濟都包含在其中。

如今，IP 產業更加注重與其他領域的聯手經營，如影視作品聯手網路遊戲，在電影上線或電視劇播出的同時釋出同款遊戲。不同領域的聯手能夠拓寬其布局範圍。

## 情境信譽：網際網路情境下的信譽體系

### (1)從電商信譽的提升促成網路徵信的應用

電商自開始發展以來，誠信問題始終是限制其發展的一大障礙。交易雙方一般僅限於線上交流，沒有面對面溝通的機會。消費者與商家之間所建立的信任是基於直觀的線上體驗與感受，遠遠落後於人們日益成長的消費需求，目前亟須建立一種完善的誠信體制來保證電商交易雙方之間的合法權益。

消費者無法了解經營者的信用，只是依靠自己的簡單判斷做出選擇；商家無法掌握消費者的現實情況，只能依據交易流程以及對方的要求進行貿易。電商只能在誠信體制的缺失中野蠻生長，電商的發展速度在人口紅利逐漸消失後被嚴重限制，據統計，電商網站的平均轉化率僅有千分之一。

歐美先進國家的徵信體制經過多年的建構發展已經漸趨完善，如今已成為先進國家社會發展的堅實基礎。而我們的徵信體制建構還處於摸索階段，要建構完善的徵信體制還有很長一段路要走。

目前的徵信市場存在著龐大的用戶需求，市場規模已經突破千億元大關。近幾年興起的巨量資料技術與徵信產業的結合將會引導一場徵信產業的顛覆性革命，網際網路巨量資料技術的應用使徵信產業迎來了一個重大機遇。

網際網路時代人們獲取資訊更為便捷高效，消費者能方便地獲得一個企業的相關資訊。尤其隨著以智慧手機為代表的行動網路終端裝置的崛起，人們透過網際網路了解企業的信用資訊已經成為主流的發展趨勢，網際網路巨量資料徵信模式在現在有著十分廣泛的應用前景。

網際網路巨量資料徵信模式顛覆了人們對舊有徵信模式的認知，徵信產業的不斷發展和完善將會影響我們社會生活的各方面。在徵信體制的監督下，經濟活動將更加高效穩定地向前發展，進而營造誠實守信的社會氛圍，使人們的物質生活水準和精神生活水準共同提高。

### (2)統一信譽體系：一個可以判定全服務時代的特權標準

生活中我們更傾向於和信用良好的人合作，言而無信的人在社會生活中將會舉步維艱。生活中我們重視的不僅僅是個人的尊嚴，維護被大眾認可的社會信譽更為關鍵。擁有良好信譽的人不僅可以使財富快速成長，社會地位也會得到提升。未來，信譽將成為外界衡量個人和組織的重要標準。

行動網路時代更是情境信譽崛起的時代，若能夠建立統一的信譽體系，在激烈的市場競爭中將其應用到多元化的情境之中，那麼企業必將創造巨大的價值。

## ▍情境安全：物聯網時代的情境安全體系

行動網路時代，各種情境應用不斷湧現，它們在為我們帶來便利的同時，也帶來了許多問題。我們不禁要思考：如何防範各種情境應用的潛在風險？如何保障以隱私為代表的資訊服務安全？如何辨別存在危險的情境應用？

各式各樣的情境使我們的生活發生顛覆性變革，行動網路時代，商家創造的消費者情境使他們獲得巨大的利益，我們生活中的一切都開始與網際網路產生連繫，所有的事物都開始被資訊量化，我們發現自己在被網際網路資訊流所串聯起來的網路世界中逐漸迷失了方向。

不難想像：我們生活中的電視、手機、電腦、手錶、空調都可以接入網際網路；水錶、電錶、天然氣錶等，以及種種讓我們可以控制房子的溫度、溼度等的監測器；冰箱可以接入網際網路自動購買我們所需要的商品；汽車的方向盤接入網際網路後開始提供自動駕駛功能；工廠的裝置植入嵌入式診斷系統，以便自動維持並調整裝置的正常運轉；企業生產出的產品有了專屬的標籤，一鍵查詢定位功能讓我們可以即時追蹤。

在物聯網時代的情境應用中，每一個事物都被連線了一個虛擬的元件，透過這個元件人們可以享受獨特的服務。像空氣一樣無處不在的連線關係極大地方便了我們的生活、促

進了經濟的發展，但是確保其為消費者提供安全穩定的服務同樣是關鍵所在。

我們在物聯網情境應用過程中一味追求財富成長與生活便利，最後卻不得不面對安全與隱私方面的巨大難題。企業建立保護機制，從而有效處理安全與隱私方面的難題，將是物聯網情境應用的核心所在。

物聯網情境應用不再僅局限於概念範疇，在安全穩定的機制下，它可以成為協調創新發展與提升用戶體驗的典型代表。加密機制、用戶私密資訊、網路安全協定、資訊安全與隱私安全等領域的情境應用在創新發展之餘，也應該為消費者創造安全的服務環境，加強對尊重人權的認識。

的確，有時候規則、規範會阻礙企業的創新，但是如果創新是以犧牲消費者合法權益為基礎，那麼這些創新又有何意義呢？！

## 情境新媒體：人人自媒體時代的情境傳播

隨著網際網路的發展，自媒體出現在大眾視野中，2003年7月，美國新聞學會媒體中心提出了「自媒體」的概念。在自媒體時代，每個人都成為資訊的製造者和傳播者，與傳統媒體時代消費者只能被動接受資訊不同。

與報紙、雜誌、電視、廣播等傳統媒體相比，自媒體有

其獨特的傳播特點。用戶可以藉助網際網路等即時通訊工具線上交流互動，每個人既是資訊的製造者又是資訊的接收者。自媒體的這一傳播特點決定了它的傳播理念、傳播價值、傳播通路、傳播時效都與傳統媒體不同。

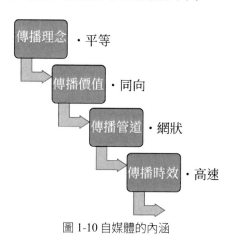

傳播理念 ‧ 平等
傳播價值 ‧ 同向
傳播管道 ‧ 網狀
傳播時效 ‧ 高速

圖 1-10 自媒體的內涵

## (1) 傳播理念 —— 平等

在自媒體時代，每個用戶的身分、地位平等，擁有平等的發言權。例如，韓國最有影響力的新聞媒體 Oh my News 就將「每個公民都是記者」作為自己的傳播理念。自媒體面向所有的用戶，關注的是用戶日常的生活，在向普通用戶傳播資訊的同時，也引導著大眾對資訊的反應。

隨著行動網路的發展，每個人都成為資訊的製造者，都可以將自己的所見所聞釋出到微博、微信等社群平臺上，而

報紙記者、新聞網站記者則從這些社群媒體平臺上尋找資訊點，然後傳播給更多人。

例如，某新聞的版面增加了將新聞分享到微博的功能；許多慈善機構等都紛紛註冊微博，透過微博與大眾交流互動。據不完全統計，2011 年，在新浪微博實名認證的機構就有 630 個。

由此可見，自媒體正逐漸滲透到人們的生活、工作中，同時作為溝通的平臺，正引導著社會輿論的走向。

## (2) 傳播價值 —— 同向

傳播價值主要由媒體和閱聽人決定。媒體在向大眾傳播新聞時，通常會根據自己的價值觀對內容進行篩選，而大眾在接受新聞時，也會根據自己的價值觀對內容做出取捨，接受自己感興趣的內容。

但在自媒體時代，由於閱聽人身分的特殊性—既可以是資訊的傳播者，又可以是資訊的接收者，因此，新聞的內容具有趣味性、時效性等特點，更容易滿足大眾的需求。

與自媒體相比，報紙、雜誌等傳統媒體由於資訊的傳播者和接收者分離，傳統媒體根據自己的價值觀篩選新聞，傳播的內容未必完全符合閱聽人的要求，因此，大眾的興趣較低，資訊傳播的範圍就較窄。

### (3) 傳播通路 —— 網狀

在自媒體產生以前，傳統媒體有著絕對的話語權，可以壟斷資訊，擁有資源優勢，而隨著行動網路的發展，自媒體出現，每個用戶都可以在微博、微信等社群媒體上釋出資訊，同時及時獲取外界的資訊，並分享給自己的好友，擴大資訊的傳播範圍。在新媒體時代，用戶集資訊的製造者和接收者於一體。

隨著自媒體的發展，一對多的資訊傳播方式逐漸被打破，資訊以網狀結構向四周傳播，同時，不同社群媒體之間的界限被打破，資訊可以跨平臺傳播。

例如，一些入口網站會設定分享功能，用戶可以將自己感興趣的內容分享到自己的 MSN、微博、微信、QQ 空間等社群平臺，與好友共享資訊資源。在自媒體時代，資訊的製造者和接收者之間的界限變得模糊，每個人都可以釋出資訊，成為傳播者。

### (4) 傳播時效 —— 高速

不論在什麼時代，時效性都是新聞的顯著特徵。在傳統媒體時代，新聞的傳播需要經過多個流程，嚴格把關，確保大眾接收的新聞是宣揚正向心態、積極向上的。而在自媒體時代，每個人都可以將自己的所見所聞記錄下來，釋出到社群媒體上，不需要經過繁雜的審批流程和嚴格審查，而其他

用戶都可以在第一時間獲取資訊，並進行二次加工和傳播。

資訊的製造者是決定新聞時效性的一個關鍵因素。在傳統媒體時代，記者是資訊的製造者，通常，有重大事件發生時，記者需要在第一時間趕到現場，以獲取真實的資訊；而在自媒體時代，在事件發生第一現場的任何人都可以編輯資訊，傳播新聞。與傳統新聞相比，自媒體時代的新聞更具時效性。

例如 2011 年 3 月，日本東北部發生地震，並引起海嘯，日本東海大學的教授在一小時內連續發表社群貼文，即時報導日本東北部的狀況。該教授以及處於事故現場的每一個人，都在第一時間向大眾傳遞資訊，讓大眾及時了解災情，實現了傳統媒體所無法做到的事。

毋庸置疑，自媒體具有的傳播及時、閱聽人廣泛、通路多樣等特點，使它成為傳統媒體工作者獲取新聞的資訊源，對新聞發展起著不可替代的作用。

## 世界網路銀行：
## 一個連通未來財富命運的情境聚合

1995 年 10 月 18 日，安全第一網路銀行成立，是當今世界一個較為典型的網路銀行。

1994 年 6 月，McChesney 在一次家庭聚會上萌生出要將金融機構與網際網路相融合的想法。McChesney 曾看過幾篇

利用網際網路創業的文章，在和表兄 James S. Mahan 交流之後，兩人開始考慮利用網際網路創業。

McChesney 讀的幾篇文章中第一篇是有人透過網際網路經營花店，銷售量在一個月內翻了一倍；還有一篇文章講的是有律師在網際網路上刊廣告，可以幫移民解決美國綠卡，在很短的時間內就增加了 3 萬多的客戶。

McChesney 是一家電腦與網際網路公司的執行長，其公司主要為政府提供服務，同時，也為其他公司提供作業系統支援，維護網路環境安全；而 James S. Mahan 則是一家銀行控股公司的董事長。雖然二人從事不同的職業，但在各自行業裡都有所建樹，並累積了一定的人脈和資源。

在 20 世紀末期，網際網路作為一個新興事物進入人們的視野，但大部分公司都沒有意識到網際網路的產生將影響未來的商業格局。McChesney 與表兄看到了網際網路的發展前景，認為網際網路的產生將為人們的生活和工作提供便利的服務。

於是，他們首先想到的便是將網際網路與金融機構相融合，簡化用戶去銀行辦理業務的手續，為用戶提供便利的服務。他們對全國五個中心區的消費者進行問卷調查，並諮商相關的國家法律法規。隨後，二人開始建立世界上第一家網路銀行。

對於任何創業者來說，將工作與生活混合在一起都是他

們不願意看到的。於是，McChesney 與表兄開始尋找合作夥伴，並與成立不久的「網景通訊」和「公開市場」兩家公司洽談，但由於雙方在利益分配和公司歸屬上的意見不一致，談判以失敗告終，最終決定由 McChesney 的公司負責執行這個專案。

1995 年，他們的計畫出現了變化。James S.Mahan 受朋友邀請，在 Pasadena 的金融機構年會上發表演講，演講的主要內容就是他們正在執行的網上銀行專案。James S.Mahan 的演講引起許多企業家的關注，他們紛紛表示願意加盟 James S.Mahan 的這個專案。因此，在合作夥伴的支持下，網上銀行的專案迅速擴大。

其他公司的加盟使 McChesney 的網上銀行專案得到充足的資金支援，得以順利展開。1995 年，他們成立了第一家網上銀行，透過網際網路為用戶提供金融服務。此外，他們繼續研發新的網上銀行專案，滿足更多用戶的需求，同時還為金融機構提供服務。由於業務拓展，需要更多的人員支援，因此，他們又創立了 SFNB 公司和軟體開發公司，這兩個公司成為新控股公司的子公司。而要為新的專案專門組建一個小組，則需要對整個公司及其合夥公司進行重組、合併。這意味著 James S.Mahan 要裁減公司的一些部門，以此建立網際網路金融機構。

James S.Mahan 首先將「第一聯邦儲蓄銀行」的四個分支

機構出售給了另一家儲蓄銀行，然後將「第一聯邦儲蓄銀行」的母體改名為安全第一網路銀行 (SFNB)。改名後的安全第一網路銀行是世界上第一個沒有分支機構的純網路銀行，主要為用戶提供網上金融服務。

當時的法律只適用於實體銀行，對於網上的虛擬銀行，還沒有相關的法律法規。為了保證 SFNB 的規範性，也為了吸引更多企業加入到虛擬銀行的行列中來，McChesney 和表兄主動找到儲蓄機構監管辦公室 (OTS)，要求批准 SFNB 的網上銀行業務計畫。他們的這一舉動，極大地刺激了其他金融企業開設網上銀行分支機構的熱情。

雖然 SFNB 的業務得到了法律的認可，但網上虛擬銀行在當時仍屬於一個新興的領域，因此很多人關心它的安全問題。虛擬銀行的監管者除了詳細了解網路銀行的工作流程外，還試圖舉例證明基於網路提供的金融服務不存在安全隱患問題。為此，他們專門聘請職業「駭客」來測試系統的安全性。

1995 年 5 月 10 日，OTS 為 McChesney 的網上銀行計畫提供支援。對於 McChesney 來說，得到政府的肯定，意味著他們的網際網路創業計畫成功了一大半。在政府的幫助下，他們可以有效應對網上銀行發展過程中的風險和挑戰。

1995 年 5 月底，SFNB 獲得跨區銀行控股公司 Huntington Bancshares of Columbus 和 Wachovia Corp. of Winston-Salem 以及 Area Bancshars of Owensboro 的投資，投資金額高達 500 萬美元，同時，SFNB 也要賦予這些控股公司一定的權力。在得到銀行業的支援後，SFNB 可以將維護網際網路銀行安全的任務移交給其他金融機構，集中精力進一步規劃公司的未來。

1996 年 5 月，McChesney 和 James S. Mahan 決定將網上銀行的業務與傳統銀行的業務分開，將 SFNB 公司分離出去。與此同時，SFNB 收購了 Five Paces（網際網路銀行軟體開發公司），而對 SecureWare（安全解決方案開發公司）的收購也在洽談中。

SFNB 在獨立的同時，也成功地獲得了 6,000 萬美元的融資，為公司的發展提供了充足的資金支援，可以在很長一段時間內集中精力研發設計新的解決方案，並招募更多人才，從而為用戶提供滿意的服務。

從成立到擁有新的金融服務通路，SFNB 只用了短短兩年時間，便成為世界上第一家能夠提供網上金融服務的銀行。在這一過程中，軟體開發組無疑扮演了重要角色，在為 SFNB 提供軟體支援的同時，也開始進軍商業領域。

1996 年 11 月，SFNB 順利收購 SecureWare，並與 Five Paces 合併，成立了安全第一技術公司（S1），從而將世界上

第一家網上銀行的各個分支機構聚集在一起。

「虛擬銀行管理員」（VBN）是 SI 的一個金融服務產品，它可以透過應用程式為用戶提供網上銀行金融服務，主要包括傳統的銀行金融服務和電子銀行金融服務。除此之外，VBN 還可以 24 小時接聽用戶的電話和接收郵件，為用戶提供即時服務。

SI 為推廣公司產品，設計了一個三層的商業模式。對於大型金融機構，SI 可以直接為其提供軟體使用許可服務，它們不需向 S1 申請報備；對於小型的金融機構，S1 以外包的形式為其提供軟體服務，減少這些金融機構在人力、物力、財力方面的損耗；而對於銀行資訊處理中心，S1 則讓其免費使用軟體解決方案，並且，銀行資訊處理中心還可以將其轉賣給自己的客戶。

截至 1996 年底，已經有 16 家公司獲得了 S1 軟體解決方案的授權，同時，S1 還與 4 家美國頂級處理中心建立了合作夥伴關係，金融業務面向 7,000 多位客戶。此外，S1 還積極拓展業務通路，與電子支付系統以及其他能夠提供銷售通路的公司合作。

但是好景不長，1998 年 10 月，SFNB 虧損嚴重，最終不得不被皇家銀行金融集團收購。但是，SFNB 在網上銀行發展史上所發揮的作用是不容忽視的，它帶動了其他金融機構

紛紛加入網上銀行的行列，促進了金融服務領域經營模式的變革。

　　總體而言，世界網路銀行的發展離不開網際網路等高新技術的支援，同時也離不開金融服務領域優秀人才的努力。我們的網路銀行在學習借鑑世界網路銀行成功經驗的同時，也應結合自身的特點，研發設計適合的解決方案，從而為用戶提供更快捷、更安全的網上銀行服務。

# 1.4 情境行銷：
# 行動網路時代的行銷新思維

## ▌情境行銷的內涵：新時代的行銷法則

行動網路的發展普及，使用戶與產品的直接連線成為可能，即藉助 App 應用、行動平臺首頁，消費者能夠直接進入產品的體驗和購買流程。這必然會對傳統的廣告行銷方式形成極大衝擊。因為傳統的廣告運作，往往是基於消費者注意力的再次售賣。也因此，必然會有越來越多的產業從線下轉到線上，透過與線上首頁的融合吸引更多的消費者。

行動網路時代的到來，讓「情境」這一古老因素煥發出新的生命力。能否為用戶創造更多的情境化價值體驗，將成為廣告行銷成敗的關鍵。傳統的情境化行銷，在行動網路的驅動下，被賦予了新的價值內涵。企業和品牌透過行動智慧終端、巨量資料等先進技術平臺，可以隨時追蹤定位用戶所處的具體情境，並精準把握和深度挖掘用戶在碎片化情境中的不同價值訴求。

透過這種情景感知，企業和品牌可為用戶創造即時性情境價值和體驗，從而吸引更多用戶，實現行銷推廣的效果。

## 情境行銷的特徵：即時、即刻、洞悉

行動網路時代賦予情境化行銷新的特徵，羅伯·馬倫（Rob Mullen）將其概括為「in place，in time，in sight」（即時，即刻，洞悉），即從時間、空間和心理三個維度，定位和把握消費者的碎片化情境。這是從內容和形式上重塑情境化行銷。

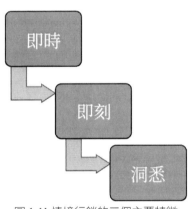

圖 1-11 情境行銷的三個主要特徵

①從內容上看，行動網路時代，人們的生活情境呈現出不斷碎片化的特質

這要求商家在行銷推廣時，能夠藉助行動智慧終端和資訊分析，精確定位用戶碎片化的時空情境，把握其情境訴求，從而藉助具體情境實現產品和服務資訊的精準推送。

例如某男性護理品牌，就針對酒吧的特殊情境，研發了一款翻譯 App，為用戶創造了一種全新的情境價值體驗，即

準確把握了在酒吧等特定情境中，男性渴望吸引異性注意的即時性需求。

該公司推出的 App 應用，可以根據用戶選擇的不同場所，為用戶提供適宜的搭訕話語，並且能夠進行不同語言的翻譯以及朗讀，最大限度地滿足用戶需求。顯然，這種基於用戶具體情境需求的訂製化服務，能夠實現品牌與用戶的有效溝通連線，從而吸引更多的消費者。

②從形式上看，隨著行動網路的發展普及，線上與線下進一步融合滲透

同時，基於社群媒介平臺的互動傳播成了廣告行銷的主流模式。在資訊極大豐富的行動網路時代，消費者的注意力成為稀缺資源。企業和品牌行銷的目的，就是有效吸引用戶的眼球，實現品牌的塑造推廣。

情境化行銷可以藉助行動智慧終端等裝置，實現商家與消費者的隨時隨地連線。同時，藉助社群平臺，企業或品牌可以與消費者進行直接互動溝通，實現精準的產品和服務投放，從而吸引消費者的注意力，塑造品牌的影響力和用戶黏著度。

例如，線上串流平臺的「邊看邊買」影片購物模式，就是一次情境化行銷嘗試：在電視、電影等影片播放過程中，會彈出一些商品資訊，用戶可以對感興趣的內容進行相應的收藏或購買操作。

　　這種基於影音觀看情境的影片購物模式，一方面為用戶創造了全新的購物情境體驗；另一方面又高效利用了注意力資源，不動聲色地實現了產品的行銷推廣。

　　另外，位於美國佛羅里達州勞德代爾堡的視覺技術新創公司 MagicLeap，致力於研發推廣增強現實或虛擬實境技術。這一技術獲得了 Google 5.42 億美元的投資，它在消費生活領域的應用推廣，必然會為情境化行銷提供相應的技術支援。

## 行動網路賦予情境行銷的兩大條件

　　行動網路時代的到來，引發了企業行銷的情境化革命。具體而言，行動網路的發展普及，主要從兩個方面為情境化行銷提供條件。

圖 1-12 行動網路賦予情境行銷的兩大條件

①行動化、智慧化裝置滲透生活圈，使得消費者的行為逐步蛻變

行動網路和智慧終端的發展普及，重塑了人們的生活情境和消費模式。相關研究指出：超過 70% 的行動網路用戶多半藉助智慧手機等行動端進行購物；人們大多在碎片化的情境中使用行動終端，如公車站、休息閒暇、睡覺前等；行動端廣告行銷的互動性要高於 PC 端，用戶也願意藉助行動廣告獲得優惠券或產品和服務資訊。

因此，藉助行動網路技術和平臺，企業和品牌可以實現與用戶的直接連線互動。同時，基於精準的碎片化情境定位和用戶資訊分析，商家可以為用戶提供符合需求的產品和服務，從而有效吸引用戶的注意力，實現品牌的塑造推廣。

最後，行動技術和智慧終端的發展，也為企業和品牌提供了更多的行銷溝通管道。QR Code、擴增實境等新技術，逐漸成為連線消費者和品牌、產品的主流方式，也創造出新的情境行銷體驗。

②相關科學技術的應用，幫助企業感知消費者之需求

隨著巨量資料、雲端運算等相關技術的普及，企業能夠深入分析和挖掘不同用戶的行為特徵和消費偏好，感知消費者的當時當下之需，從而為他們提供更加人性化、客製化的產品和服務，滿足用戶的即時性需求。

　　另一方面，企業可以藉助巨量資料和行動智慧終端，隨時定位分析用戶的碎片化情境特點，精準把握不同情境中的利基市場，從而吸引更多的消費者，適應行動網路時代多元化、長尾化、碎片化的消費特徵。

　　例如，基於地理位置的美食推薦 App，就是一種典型的行動網路下的情境化行銷形式。人們初到一個陌生城市時，往往會苦惱如何找到好吃的餐廳。針對消費者的這一痛點，行動智慧終端上的美食推薦 App，可以根據用戶的情境定位，敏銳感知用戶的當時當下之需，從而推薦相關餐飲，有效滿足用戶的情境化消費需求。

# 第 2 章
## 情境行銷的本質：
## 實現行銷與需求的無縫連結

# 2.1 新一輪行銷戰役：解決用戶需求痛點，開啟情境行銷新革命

## ▎傳統「大喇叭」廣告模式之死

　　當今的商業市場，消費者占有絕對主導的地位。對於各個商家來說，誰能夠獲得更多的消費者，誰就能在日益激烈的市場競爭中占據主動。而行銷一直是各個企業和品牌爭奪目標客戶的最有效手段，也由此形成了不同的行銷模式。

　　只不過，隨著行動網路、智慧終端裝置、巨量資料技術等的發展成熟，大眾傳媒與 PC 網路的廣告行銷模式逐漸無法適應行動時代的市場變化。當前發展越來越清晰地表明：傳統大喇叭式的行銷模式正面臨著嚴峻的挑戰，行動網路驅動下的情境化行銷模式迅速崛起，並將成為巨量資料時代商家的新行銷戰爭。

　　在電視、廣播、報紙、雜誌等大眾傳媒時代，資訊的傳播途徑是單向的，無法形成有效的資訊回饋循環。這時的廣告行銷，多數集中於產品或服務的功能性傳播，對消費者群體不能夠細化分割，也無法及時有效地獲取市場回饋的資訊。因此，資訊推送的準確性和有效性不高，行銷

的購買轉化率自然也很低。

另一方面，雖然各個商家也會透過市場研究的方式，盡量收集更多有關產品、服務、目標客戶、行銷效果等內容的回饋資訊，但這種抽樣調查研究的統計分析模式，仍然多半集中於大範圍的群體特質，而無法考慮到更加細分的市場需求。

因此，根據這種調查研究回饋資訊而制定的新行銷決策，依然是大而化之的，很難展現出行動網路時代不斷成長的長尾化需求。

傳統大喇叭式的廣告模式，遵循的是二八定律，更多關注的是擁有銷售前景的「主流商品」，認為生產的東西必須占有一定的市占率。顯然，這種廣告行銷模式，正受到已經變化的市場需求的挑戰。

行動網路時代，多元化、客製化成為人們新的消費追求，訂製化、長尾化的產品愈加受到消費者的青睞。只要有生產，不論產品多小眾，都能找到相應的目標客戶。而且，這些長尾化的「冷門產品」，總體市占率也在隨著人們的客製化需求增多而不斷增多，甚至超過了「主流商品」的市占率。

同時，今天的消費者已經能夠理性地看待廣告行銷的諸多形式，對其認可度逐漸降低（「僅僅只是廣告而已，是商家的促銷手段」）。因此，越來越追求客製化的大眾，必然對這

種大喇叭式的標準化資訊傳播方式和內容喪失興趣，轉而關注那些更加符合自身需要、能夠觸控消費痛點的資訊。

總之，行動網路時代對人們生活形態的重塑，以及廣告行銷閱聽人特質的變化，都推動著行銷模式的轉變：利用巨量資料技術，準確把握用戶痛點，進行更具針對性的行動情境行銷。

## 情境行銷的優勢：精準行銷＋訂製化服務

隨著行動社群平臺的普及，社群行銷逐漸受到更多關注，也成為行動網路時代行銷爭奪的一個重要節點。

本質上，社群行銷就是行動網路時代情境化行銷的表現形式之一，是商家基於社群媒介平臺而進行的品牌塑造和產品促銷。只是，單獨的社群行銷畢竟空間有限，無法成為情境行銷的主戰場。

行動網路時代的商家情境化行銷之爭，還應該更多關注人們越來越碎片化的生活情境，思考如何在最適宜的情境中向消費者推送產品和服務，如何在不同的碎片化時間、空間中，搭建合適的消費情境，將消費者導入平臺，如何透過行銷訴求引導用戶的情境體驗。

從這個角度看，企業行銷競爭就是對消費者情境的爭奪和把握，即在不同的情境之中，目標群體的需求為何；基於具體的情境，可以進行哪些創意構思，從而為用戶創造更多

價值；行銷推送的相關資訊，是否是該情境中消費者的真正所需，是否能夠被其接受。同時，行動網路、巨量資料技術、各種智慧終端的廣泛應用等，使消費者與產品和服務的連線更加直接高效，商家可以隨時隨地實現與用戶情境的即時連線，能夠擁抱更多的生活情境。

行動網路時代，情境之所以變得如此重要，是因為人們的生活、行為、思想、感受、興趣、關注等等，都融入了具體的碎片化情境之中。

情境不再只是外在的時間、空間、情境因素，而變成了人本身的生活形態：不同情境下，人們有著不同的消費欲望和訴求，也擁有著不同的感知和體驗。因此，行動網路時代行銷的終點不是消費者的需求，而是情境。只有搭建出適宜的消費情境，才能有效吸引用戶眼球，將行銷轉化為消費。

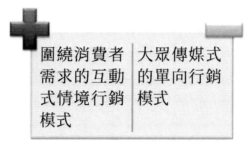

圖 2-1 企業行銷模式的轉變

情境的終極屬性，要求企業從以往的大眾傳媒式的單向行銷模式，轉向圍繞消費者需求的互動式情境行銷模式，即

真正展現「以人為本」的網際網路特質，細化市場，敏銳感知消費者的當時當下之需，實現資訊的精準推送和訂製化服務，有效解決需求痛點，為消費者創造更多的價值。

## 情境行銷之戰：連線、資訊、情境

顯然，情境重要性的不斷凸顯，必然會將商家推進情境行銷戰爭之中。作為行動網路時代的一種新型行銷模式，情境行銷必然與行動網路、巨量資料技術等密不可分。具體來講，情境行銷之爭，主要集中於三個方面：連線、資訊、情境。

圖 2-2 情境行銷的三大關鍵

### (1) 網際網路的本質屬性是連線，情境行銷也離不開有效的連線

在今天，各種行動智慧終端的普及，使商家、消費者和情境的連線變得更為方便快捷。不過，這種連線需要形成一

個資訊互動生態循環，這樣才能持續獲取消費者的不同情境資訊和互動資訊。

總之，在情境行銷中，有效持續的連線，是第一個關鍵流程，它決定著市占率的占有度。因為有連線才會有用戶。

例如，愈演愈烈的「叫車 App」大戰，在某種程度上就展現出了連線的重要作用。

總之，在行動網路時代，商家需要不斷感知不同的碎片化情境，積極與消費者建立有效的情境化連線，如此才能獲取更多用戶，在情境行銷中占據先機。

### (2)深入挖掘資訊，形成資訊智慧，真正讀懂消費者

建立有效的連線只是情境行銷的第一步，更重要的是要獲得用戶授權，以獲取更多的用戶資訊和資訊。

行動網路時代，消費者更加注重客製化、多元化的產品和服務體驗，因此，情境行銷的關鍵是要根據獲取的用戶資訊，進行深度分析，並形成資訊智慧。如此，才能夠在行銷推廣過程中準確把握和感知即時性情境需求，刺激用戶的消費行為，並與之建立起具有高度互動的強關係。

因此，情境行銷的第二步之爭，爭的是用戶資訊和資訊，比的是對巨量資料的深入挖掘能力。

### (3)利用資訊智慧，深入分析用戶特質，霸占更多情境

實現了從行銷到購買的轉化，並不意味著情境行銷的結束，反而意味著進入了真正意義上的情境戰爭，即對更多生活情境的爭奪。

行動網路時代，人們總是處於不斷變換的碎片化情境之中，每個情境都可能蘊含著大量的消費潛能。因此，這時的企業行銷之爭就不僅僅局限於平臺競爭，而是擴展到了對各種碎片化情境的爭奪，是基於平臺的多種情境區塊的整體生態之爭。

當前網際網路大廠在金融、醫療、交通、教育等多個生活情境中的布局之爭，就是情境戰爭的最真實反映。

需要注意的是，在情境化行銷中，平臺的很多區塊可能都是免費或公益性質的，新的廣告行銷法則是：大多數產品和服務免費，透過少量的長尾化、客製化產品和服務賺錢。這種模式的根本目的，是透過優質的免費產品或服務，霸占更多的用戶和情境，進而為將來的情境行銷提供更廣闊的市場空間和目標閱聽人。

行動網路時代的情境生態競爭，重塑了行銷的最初意義，讓其從企業價值鏈中的一個流程，融合到整體的價值生態系統中。行動網路驅動下的情境化行銷，已經與產品研發、銷售、公關等融合在一起，傳統工業時代流程分明的商

業模式，讓位給了網路化的即時連線模式。企業的行銷之爭，不再只是對產品和用戶的爭奪，而多半轉向了各種碎片化的行動情境。

## 用戶爭奪戰爭：打破媒介束縛，創造消費者欲望

行動網路技術的發展普及，重構了以往的商業生態，也使網際網路市場的商業競爭愈發激烈。在經濟新常態下，企業需要把握網際網路商業的新特質，在行銷推廣中充分注重情境建構，透過線上線下的有效連線融合，為用戶「講故事」，為他們帶來新的情境化價值體驗，從而在以用戶為中心的市場競爭中占據主動。

### (1)情境行銷，打破媒介束縛

行動網路時代是一個情境化的時代，人們始終處於碎片化的生活情境之中，消費訴求也從以往的線上產品和服務轉向即時的情境體驗。這必然要求企業運用情境化的思維方式，重構商業模式和運作流程，在行銷推廣中更加注重滿足用戶的情境價值訴求。

海底撈火鍋以「服務至上、客戶至上」為基本理念，深耕服務，從而獲得了良好的口碑傳播紅利。例如，基於客戶需要排隊的現實，海底撈就免費為等待的客戶提供美甲、小吃等服務，從而為客戶創造了新的情境體驗，增強了用戶的品

牌黏著度。

本質上說，行動網路的發展普及，讓企業的行銷推廣大大突破了媒介平臺的限制。傳統的 O2O 行銷模式，是透過線上平臺和 App 的打造，吸引用戶的注意力，然後完成訂單，獲取價值。在這種模式中，平臺媒介的流量和傳播，對企業行銷有較大影響。

然而，行動網路時代，用戶的線上體驗基本飽和，僅靠產品和服務創新，很難再有效吸引用戶的注意。因此，企業要學會情境化的思考方式，不僅賣產品和服務，更賣基於用戶碎片化情境的「新概念」和「故事」，即企業要線上與線下建立起高效的融合連線，注重用戶的即時性「情境」，以及基於情境的價值「體驗」。

### (2)情境化行銷的發展

其實，人們始終處於具體的生活情境之中，情境化行銷也隨著網際網路技術和平臺的發展普及，表現出不同的運作形式。

在「流量為王」的門戶搜尋階段，搜尋廣告就是一種基於用戶興趣的情境行銷。比如，用戶在搜尋引擎上搜尋關鍵詞，網站根據用戶的關鍵詞內容，展示相關的廣告資訊，這就是一種基於搜尋情境的廣告行銷。

而後，網際網路進入資訊化發展階段，這時商家可以利

用巨量資料等先進技術對用戶群體進行深耕，以挖掘更多的商業價值。透過對用戶的地理位置、時間、行為、需求等多個層面的綜合考慮，細分和定位用戶的不同情境需求，從而極大地改善用戶的產品需求和服務體驗。

例如，對於外出旅遊的用戶，商家可以藉助機票預訂平臺，為他們提供目的地周邊的住宿、餐飲、景點等延伸資訊服務。

情境化行銷的關鍵，是要透過各種手段，精準定位消費者在不同碎片化情境中的需求，然後推送優質的客製化產品和服務。同時商家還要站在用戶的角度，主動為用戶提供更多的增值和延伸服務，為用戶創造更多價值。

### (3) 線上線下需求融合創造消費欲望

經過「流量為王」和「資訊為王」的發展階段，網際網路的線上紅利基本結束，僅靠單純的線上創新，已經很難再引起用戶的參與興趣。因此，企業需要運用網際網路的工具和平臺功能，凸顯連線本質，將線上與線下有效融合起來，透過線上線下的連線，建構新的體驗情境，為用戶「講故事」，實現線下流量的線上導入，以及線下業務的轉型更新。

行動網路技術的快速發展普及，為用戶碎片化情境的線上連線提供了條件和支撐。在這種新經濟常態下，企業需要精準把握用戶碎片化、客製化、垂直化的即時情境需求，並

與線上服務進行高效連線，搭建出一個全新的體驗情境，為
用戶創造價值的同時，實現自身的利益。

行動網路時代的到來，凸顯了人們的碎片化情境需求，
也重構了企業的行銷模式。在產品已經極大豐富的情況下，
商家首先需要透過價格戰等方式吸引到足夠的品牌粉絲，然
後利用情境化的思維方式，不斷為用戶創造新的碎片化的情
境體驗價值，從而刺激用戶更多的消費欲望，實現企業的行
銷目標。

# 2.2 情境與消費者決策：顛覆傳統的消費者行為決策途徑

## 從「消費介入—決策」模型看情境化行銷

　　廣告行銷的目的，是透過各種因素刺激消費者的購買欲望，實現產品銷售或品牌塑造。因此，從消費者行為的維度進行分析，可以將情境化行銷理解為「影響消費者行為決策的先行變數之一」，即情境化行銷是透過具體的情景感知，介入到消費者對產品、廣告、購買等內容的反應決策之中，進而刺激他們的消費欲望。

　　行動網路時代，情境被賦予了全新的內涵，也因此改變了傳統的消費者行為決策途徑。因此，分析行動網路時代消費者行為決策的途徑新特徵，有利於情境化行銷的順利實現，甚至有助於推動企業整體的行銷變革與重構。

圖 2-3 消費先行變數

　　消費先行變數一般包括個人因素（興趣特質、價值觀念、需要程度等），客體刺激（互動溝通的方式與內容、可選擇的方案等）和情境因素（場合、時間等具體的行動情境）三個方面。這些變數會影響消費者對廣告、產品等資訊的關注和介入程度，並最終影響到他們的決策行為。

　　日本最大的廣告和傳播集團電通公司，針對行動網路時代消費者生活形態的變化，提出了 AISAS 消費者行為分析新模型，即：Attention（注意）→ Interest（興趣）→ Search（搜尋）→ Action（行動）→ Share（分享）。

　　藉助 AISAS 分析模型，融入美國學者所羅門·阿希（Solomon E.Asch）的消費者介入度影響模型，可以建構出如下的「消費介入 —— 決策」模型示意圖。

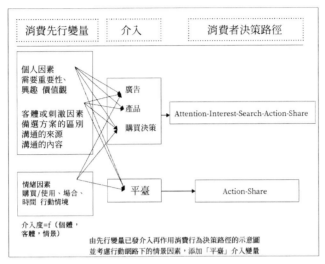

圖 2-4 消費介入 —— 決策模型示意圖

　　下面，我們將從情境因素對消費者行爲的影響、情境化對消費者介入的影響以及情境化對消費者行爲決策的影響三個層面，闡述行動網路情境下消費者決策途徑的變化。

## 情境消費：抓住需求痛點，改變消費者行爲決策

　　在本節內容中，我們主要分析情境因素對消費者介入行爲的作用，從而展現出行動網路時代，作爲先行變數的情境因素在「消費介入 —— 決策」模型中的重要作用。

　　情境化行銷的關鍵是精準定位消費者的碎片化情境需求。行動網路時代，情境因素是用戶碎片化時間、空間以及周圍環境因素的總和。在這一意義上，可以將情境理解爲具

體的「消費情境」（consumption situation）。

消費情境是指個人與產品之外的、影響消費者購買欲望和行為的即時性因素。這種即時性因素包括行為和感覺兩個方面，會對消費者的內心活動和具體的行為意願形成影響。例如，在不同的場合，人們會表現出不同的消費行為；在某個特定的時點，人們也會有不同於其他時間的購買欲望和行為。

情境因素對消費者行為具有重要影響。藉助於具體的消費情境，可以將產品或品牌與消費者的具體時間、地點、行為等內容連線起來，有效促進用戶的品牌使用意向。

貝殼（Belk）的情境理論指出，情境因素是解釋消費行為的主要變數，能夠解釋 18.7% 的變異量；桑德爾（Sandel）的研究則證明，高達 40% 的變異量可以藉助情境因素進行分析。

具體而言，行動網路時代，基於碎片化行動情境的行銷模式將成為廣告行銷的重要形態。藉助情境化行銷，企業和品牌可以精確把握消費者的客製化需求及消費痛點，從而實現產品和服務的精準推送，進而刺激消費者的購買欲望。

例如，針對消費者「占便宜」的心理，商家可以在特定情境中，為用戶推送優惠券、商品折扣等資訊，從而最大限度地吸引用戶的關注，提升消費者參與互動的積極性。

　　另一方面，在不同情境中，人們的自我認知，以及對被他人認知的心理期待往往不同，這也使情境因素能夠影響到消費者的行為決策，即在不同的情境中，人們的社會角色和行為期待是不同的，而這必然會影響到人們的消費選擇和決策。

　　情境化行銷就是根據用戶的互動資訊、地理位置、社交資訊、消費傾向等資訊，精準定位不同情境中用戶的自我身分認知與被他人感知的期待，從而為他們提供訂製化、客製化的產品和服務體驗，滿足他們的情境訴求，創造新的情境價值。

　　總之，在行動網路時代，情境因素對消費者行為決策的影響愈發明顯。一方面，企業和品牌可以透過具體情境，抓住消費者的需求痛點，進而搭建出符合要求的產品和服務情境，刺激消費者的購買或使用欲望；另一方面，消費者在不同情境中的自我認知與被認知期待，也影響著他們的消費行為選擇。

## ▌行動情境：建構情境，實現行銷到購買的轉化

　　如圖（消費介入 —— 決策模型示意圖）所示，行動網路時代消費者的行為決策途徑分析需要將行動性、碎片化等新的情境因素加入其中，即在建構「消費介入 —— 決策」模型時，時間、行動情境等成為不可或缺的變數。

另外，行動網路時代，基於社群媒介平臺的行銷推廣逐漸成為企業行銷的重要形態。因此，「平臺」因素也需要加入到「介入」變數中，這也是 AISAS 消費者行為模型的核心流程（基於社群平臺的分享傳播）。

介入（involvement）是指消費者基於自身的內在需求、興趣傾向、價值理念等個體因素，對廣告、產品、品牌或購物情境等客體刺激的感知反應。消費者對這些客體的介入程度，反映了消費者的行為傾向和消費動機。

例如，有著健康需求的消費者，會高度關注保健產品，並在使用後形成有關該產品的主觀評價。這裡，主觀評價是消費者介入，產品則是一個介入變數，它連線著用戶的健康需求與產品使用的主觀評價。

除了產品，廣告、品牌、購買決策、平臺等都是介入變數。特別是在行動網路時代，社群媒介平臺逐漸成為消費者介入的最重要變數，也是情境化行銷的關鍵因素。

行動網路的發展極大削弱了傳統媒介的入口價值，也重構了以往的廣告行銷模式。藉助社群平臺自身的媒介傳播互動特徵，基於具體社交情境的互動式行銷在企業整體行銷策略中發揮著越來越重要的作用。而作為行動情境的入口，消費者對於平臺的反應，表徵著情境化行銷的效果，也展現了最終的消費行為轉化程度。

　　具體而言，藉助行動社群平臺，企業實現了與消費者直接的互動溝通，從而能夠及時準確地把握不同碎片化情境下的用戶訴求。同時，藉助不同的情境特質，企業可以將消費者準確導入適宜的平臺，從而大大提升行銷推送的精準度，有助於實現從行銷到購買的轉化。這既滿足了消費者的情境化價值訴求，也有效降低了企業的無效廣告費用，節約了營運成本。

圖 2-5 構成情境的「五原力」

　　全球科技創新領域最知名的記者羅伯特・斯考伯（Robert Scoble）在其《即將到來的情境時代》（*Age of Context:Mobile, Sensors,Data and the Future of Privacy*）一書中，提出了構成情境的「五原力」：行動裝置、社群媒體、巨量資料、感測器和定位系統（圖 2-5）。

　　因此，網際網路大廠的爭奪重心，將逐漸轉向行動端的平臺入口。隨著行動網路對社會生活各方面的滲入，行動端在社交聚合、用戶資訊收集、行動軌跡記錄等方面，將有無可比擬的優勢，並可藉此向商家展示消費者的行為習慣、價值傾向、消費偏好等，為企業和品牌制定合理的情境化行銷策略提供客觀依據。

　　行動網路時代，情境因素被賦予了新的內涵：特定的時間、空間情境，行動端的平臺入口等等。基於這些行動化的情境因素，消費者能夠對廣告、平臺、產品、購買決策等客體刺激感知並反應，進而發生相應的購買行為。

　　圍繞用戶需求的行動情境建構，顯然會影響消費者的行為介入程度，並有效刺激用戶的消費行為。另外，在獲得相關互動資訊後，商家還可以藉此進行更深入的互動式行銷，比如根據消費者的飲食習慣，推薦符合他們需要的食品、藥品等。

　　簡單來講，情境化行銷途徑，其實就是基於用戶需求，搭建行動情境，將用戶導入平臺，從而促進購買和消費行為。這裡的關鍵是，合適的導入平臺（智慧搜尋外部裝置）推動著消費者介入。當然，作為先行變數之一，平臺的介入程度也會受到個人因素、客體刺激、情境等其他變數的影響。

## 即時連線：實現用戶、產品與服務的無縫連線

日本電通公司提出的 AISAS 消費者行為分析模型，指出了以「搜尋」和「分享」為核心的 Web 2.0 時代消費者生活形態的變化。不過，隨著行動網路的普及滲透，虛擬實境技術、人與情境的即時連線等，又推動了消費者決策途徑的新變化，乃至重塑了以往的途徑模式。

在「消費介入 —— 決策」模型圖中，相對於上半部分的 AISAS 行為模型，透過平臺變數實現的「行動和分享」機制顯然更明顯展現了行動情境下的決策途徑變化：直接、即時。

精準定位消費者的即時情境需求，跳過興趣、搜尋等流程，透過「平臺」（行動智慧終端、App 應用等）實現用戶和產品、服務的直接連線，進而促發消費行為。

不同於將各種產品或服務資訊全部展示以供用戶選擇的傳統行銷模式，由於時空情境的碎片化以及行動終端介面的小螢幕化，行動網路驅動下的情境化行銷，要求商家能夠利用以往的用戶互動資訊分析，準確定位消費者的即時性情境需求，有效解決用戶的消費痛點，從而吸引和黏住用戶。

行動網路時代的情境化行銷，更加注重追蹤定位消費者的碎片化情境狀況，感受他們的當時當下之需，從而更有針對性地推送相關產品和服務，為用戶創造更多的情境價值。

顯然，藉助相應的平臺入口，這種情境化行銷將消費者

與產品、服務更加直接緊密地關聯起來，從而跳過了 AISAS 模型中的興趣、搜尋等流程，更加符合行動網路時代消費者不斷變換的碎片化情境需求。

例如，致力於地圖導航服務的 Apple 地圖，在獲得足夠多的用戶資訊以後，就可以根據相關的互動資訊，提供預測服務。

如針對用戶下班後常常停留的一些「碎片化情境」，可以主動推送目的地資訊，而不需要等待用戶進行搜尋。這種利用巨量資料資訊、基於碎片化情境的資訊推送，使消費者跳過了行為決策的注意、興趣、搜尋等流程，改善了用戶的情境體驗，也有利於實現情境化行銷的目標。

總體而言，「消費介入 —— 決策」模型圖中，上半部分指出了傳統行銷模式下的消費者行為決策途徑模型，下半部分則著重展示了行動網路時代，情境因素中新增的時間、行動情境、平臺等變數對傳統決策途徑的重塑，即在行動網路的驅動下，追蹤定位、巨量資料等技術的發展成熟，使商家可以更加準確地感知到消費者的即時性情境需求，並可以藉助相關平臺，實現消費者與產品或服務的直接關聯，從而促使消費者直接購買、使用和分享。

簡單地說，行動網路時代，碎片化的情境需求凸顯。情境化行銷就是敏銳感知到消費者的具體情境消費痛點，藉助

行動網路技術和智慧終端等，實現與消費者的即時連線，並將其導入平臺，促發消費行為。

行動網路時代，人們的消費行為呈現出多元化、客製化、長尾化、碎片化等特點。情境化行銷能夠有效適應這種消費需求變化，實現價值創造和收益獲取。

◆ 傳統行銷模式中，首先需要消費者找到平臺的關聯入口，進而透過多種途徑促發消費行為。與此不同，行動網路驅動下的情境化行銷模式能夠透過追蹤定位消費者的具體情境，準確把握其需求痛點，主動將用戶導入平臺，實現消費者與產品或服務的直接互動關聯，滿足用戶的即時情境需求，刺激消費行為。

◆ 情境化行銷真正展現了行動網路時代「以人為本」的特質。情境化行銷的關鍵是準確定位消費者所處的碎片化情境，感知消費者的當時當下之需，這樣才能抓住消費痛點，有針對性地將用戶導入平臺，搭建相宜的消費情境，為用戶創造更多的價值，從而促進用戶進行購買、使用和分享的決策。

# 2.3 情境行銷的本質：從「體驗＋連接＋社群」的角度解讀

## 情境行銷三要素：體驗、連線、社群

　　隨著網際網路的發展，企業開始運用網際網路思維搭建情境、行銷產品，如房產銷售、旅遊景區的推介等。但在行動網路時代，情境行銷有了全新的含義。

　　行動客戶端的 App 應用就是典型的情境行銷，它以軟體形式為用戶提供各種體驗情境，而這在 PC 網際網路時代是難以想像的。在技術的支撐下，情境開始顛覆傳統的商業思維，重構契合時代特點的商業模式。

　　行動網路的發展，使消費者的主體地位得以提升，企業開始以為用戶創造價值為經營理念。情境為企業與消費者提供了交流的平臺，增強了消費者對企業的信任感。例如，在 PC 網際網路時代，用戶主要透過入口網站獲取資訊，但在行動網路時代，微型部落格的發展為用戶提供了更為便利的獲取資訊的管道。用戶更願意依賴人際關係獲取有效資訊，因為他們相信經過交友圈篩選過的資訊一定是有價值的資訊。

　　隨著消費者地位的改變，產品的意義也隨之發生了變

化。在工業化時代，產品一經完成便不再發生變化，它的功能是固定的，而在行動網路時代，隨著情境行銷的廣泛應用，產品功能也處於一種不斷變化發展的狀態中。

企業建構特定的情境，能夠實現精準行銷，同時還能夠加強與消費者的互動交流，增強他們對企業的信任。例如，基於人際關係迅速發展起來的行動電商、微電商的迅速發展等。

因此，情境的建構成為決定企業能否獲取高額利潤的重要因素。在行動網路時代，情境不再是一個單純的概念，而是成為與商業模式、市場規模密不可分的行銷策略。基於情境展開的玩手遊、看電影、約會、喝茶等活動都有了不同於傳統方式的新體驗。在行動網路時代，情境在體驗、連線和社群三方面得以重構。

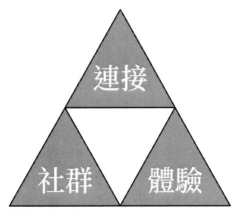

圖 2-6 情境行銷三要素

①體驗層面

在行動化情境時代，體驗是衡量各種活動，如人際交往、社交、娛樂、商業活動、網上虛擬活動等的重要指標。在情境化行銷出現以前，消費者更注重產品價格，而在情境化行銷出現之後，消費者更注重的是產品帶來的體驗。只有獲得良好體驗，消費者才願意為產品買單。

②連線層面

隨著行動網路的發展，資訊逐漸碎片化、分散化，從而形成多元化的情境。智慧手機的 App 應用為用戶提供了多樣化的情境體驗，從而建構起新的商業思維和產業模式。

③社群層面

企業透過建構特定的情境來吸引消費者購物，同時還能夠將有相同興趣的消費者聚集在一起。因此，在定義新情境時可以從體驗、連線和社群三個層面來進行。

## 情境體驗：引發消費者情感共鳴

行動化的情境行銷以體驗為核心，透過建構特定的情境來引起消費者情感上的共鳴，並由此劃分產品的種類。在工業化時代，主要是大機器規模化生產，企業所提供的產品和服務也是以滿足大多數人的需求為主，消費者的客製化需求被忽視，商品的選擇空間小。因此，消費者在購物時更多考

慮的是產品的價格。

　　第一代電子商務網站，如亞馬遜，透過擴大經營規模，大批次的倉儲、運輸貨物來降低經營成本，從而形成價格優勢，吸引了大量的消費者，而電商也成為 PC 網際網路的主要經營模式。

　　在行動化情境時代，網際網路技術迅速發展，精細化生產、3D 列印技術等廣泛應用，企業開始重視消費者的中心地位，為其提供客製化的服務，基於消費者的愛好而形成新的行業。

　　例如，在工業化社會或者 PC 網際網路時代，瑜伽只是小部分人的愛好，而在行動網路時代，它卻成為一個新興行業。對於生活在都市的消費者來說，練瑜伽已經成為高品質生活的象徵。

　　有著相同興趣愛好的消費者聚集在一起就形成了一個社群，他們有著這個社群的獨特標誌。例如，練瑜伽的人會穿瑜伽服，從而帶動了瑜伽服產業的興起。在 2013 年和 2014 年「維多利亞的祕密」的銷售額中，瑜伽服的成長速度最快。

　　企業透過建構特定的情境能夠實現精準行銷，同時依託智慧感測器、網路以及相關的硬體和軟體，企業還能獲取精確的資訊，從而衡量所建構的情境是否有效。

　　例如，透過 Google 搜尋焦點等一系列情境化背後的資

訊，我們可以了解星巴克有多少粉絲，Costa 有多少粉絲。此外，企業還可以了解有多少用戶對公司的產品感興趣，又有多少潛在的客戶。透過資訊分析，企業可以為消費者量身打造產品和服務，滿足其長尾需求。

## 情境連線：多元化情境下的跨界融合

在行動化情境時代，行動智慧終端的連線無處不在，它將碎片化的資訊連線起來，構成了多元化的情境，同時又為創新提供了無限可能。

基於體驗的情境能夠將有著共同特徵的消費者聚集起來，形成一個社群或部落。在這個社群中，他們會形成社群文化，並透過網路等技術迅速傳播，進行重組。

例如，隨著行動網路的發展，影視業和服裝業實現了跨界融合。在韓劇風靡的同時，劇中人物的服裝也引起了消費者的注意，他們會透過各種管道去搜尋、評價這些服裝。

而服裝製造商透過搜尋焦點等一系列相關的資訊，來了解消費者的需求，進而加工設計，在市場上推出同款服裝。這意味著，購物情境、社交情境等已融入影視劇中，隨著商業模式的多元化，跨界重組成為新常態。

## 情境社群：App 情境實現社群價值最大化

### (1)社群崛起，App 重生

在行動化的情境時代，情境行銷占據著十分重要的位置，廣泛應用於旅遊、教育、餐飲等各大行業，形成新的社群形態，從而顛覆傳統的商業思維，重塑商業模式，進而帶動整個自由市場經濟的發展。

隨著行動網路的發展，行動智慧終端的 App 也隨處可見，手機 App 成為情境入口，尤其是美甲、健身、美容、社區、用餐、叫車、旅遊、攝影、航班等細分情境，為用戶提供了客製化的服務。

伴隨著行動網路技術而生的 App，不同於傳統的 App 應用，其以應用情境為核心，具體表現在以下兩個方面（圖 2-7）。

圖 2-7 App 情境應用的兩大特徵

①更注重實際情境的建構

基於情境產生的 App，貼近用戶的現實生活，廣泛應用於電子商務領域。它們以為用戶提供具體服務為設計理念，在特定情境中為用戶提供客製化的體驗，滿足他們的長尾需求，以此形成用戶黏著度和忠誠度。

與傳統 App 相比，基於情境產生的 App 的一大特點就是注重在某一特定情境中解決問題，如 Uber 專注於叫車領域，每一個 App 應用都解決某一領域的某一問題。

而在同一個情境中，它會從時間、空間、行業、興趣等方面為用戶提供客製化服務。例如，Uber 採取分段收費的方法，不同的時間和地段收費標準也不同，美甲行業也會根據時間、美甲的樣式採取不同的收費標準。

②更注重社群生態的營造

在一定情境中，有著相同興趣愛好的用戶會聚集在一起，形成一個社群或部落。而基於情境產生的 App 的另一個特點就是更加注重營造社群生態。

隨著行動網路的發展，以用戶為中心的經營理念逐漸被各個行業認可，無處不在的行動智慧終端 App 開始將碎片化的資訊連線起來，建構多元化的商業模式，而基於情境存在的社群更注重的是產品所提供的體驗。新生的 App 不同於傳統 App 的第二大特點就是情境是產品，也是社群。

與此同時，情境與產品、社群的融合，也意味著共享經濟時代的來臨。以人為本，為用戶服務，各行各業開始打破界限，共享資源，跨界融合。

### (2) 從 App 到更豐富的情境：社群營運三要素

新生的 App 作為情境時代來臨的展現，為用戶提供了切合實際的服務，滿足了用戶的長尾需求。一個 App 展現一個情境，但並非所有的情境都以 App 的形式展現。一個情境意味著一件產品、一個社群。

因此，在行動化的情境時代，行銷產品就需要建構情境，而從單一的 App 情境到多元化的情境，企業需要著重掌握以下三個要素。

圖 2-8 社群營運三要素

①媒體性

由一定情境中的用戶聚集起來的社群有其自身的特點，這個特點也就是它的主題，用以與其他的社群相區分。

社群的主題需要具備內容明確調性、發生黏著度、產生傳播性三大特性。這意味著，用戶在進入某一社群之前，首先要對這個社群的主題有明確的認識，有著強烈的好奇心；在進入之後，被社群豐富的內容所吸引，形成黏著度；最後自主充當社群的傳播者。在同質化產品中，社群以其獨特優勢形成自己的品牌效應。

由此可見，作為營運社群的首要流程，內容發揮著十分重要的作用。萬人追蹤的臉書粉絲專頁憑藉優質的內容吸引了大量用戶，並將用戶變為粉絲。與此同時，內容也引起了各大行業的重視。一方面企業需要規範引導社群成員的言論、價值觀念等；另一方面，也要以人為中心，賦予社群成員發聲的權利。

②社交性

既然社群是以人為中心，而人又無時無刻不處於人際關係網路中，那麼社交性是營運社群者必須重視的第二個要素。因此，社群營運者需要將社群裡的成員連線起來，刺激每個成員的潛力。企業在生產產品時，也要注意到社交的重要性，將產品人格化。

雖然社群注重社交性，但社群並不等於 Line 群組而已。社群涵蓋的範圍極為廣闊，而 Line 群組只是社群的一個具體表現形式，它可以有效組織社群成員。

　　社群營運者在將社群成員連線在一起時，首先需要對社群的群體有一個清晰的認識。例如，分清產品面向的對象，哪些是面向消費者，哪些是面向產品平臺，哪些是面向第三方服務提供者。在對社群成員有了清晰的定位之後，再營運社群。

　　社群營運者其次要做的就是制定相關的規章制度，釐清社群成員的職責，加強彼此之間的連繫。例如，釐清社群服務提供者、用戶的職責，加強他們之間的連線，以及各自內部的連線，如點評、排名、分享、線上線下活動等。

　　③產品性

　　一個情境就是一件產品，也是一個社群，而社群也可以是一件產品。因此，社群自身所具備的產品性，就是讓社群更貼近實際，為社群的媒體性和社交性提供基礎和保障，從而建構更為和諧健康的社群。

　　產品主要由實物產品和虛擬產品構成。

圖 2-9 情境行銷中產品的兩大類別

實物產品指的是現實生活中存在的實際物品和真實場所，如服裝、食物、裝飾品、酒店、商店等。用戶在接觸、交易實物的過程中，就伴隨著社交的產生，而在實物上貼上 QR Code 就催生出禮品經濟；另外，現實生活中存在的真實場所則無處不存在著社交性，如餐廳、美容店等，只要有客戶，就伴隨著社交的產生。

虛擬產品主要指的是 App、粉專等。行動網路的發展為社群營運提供了技術支援，可以建構特定的情境用以滿足用戶的需求。例如服裝行業，可以利用行動網路技術每天產生日記，並以產生內容與用戶交流，形成社交關係，進而將產品性與媒體性、社交性更緊密地連線起來。

總體來說，行動網路的發展使現實生活朝著碎片化方向發展，而情境的興起則將一個個碎片連線起來，形成社群。行動智慧終端的 App 將現實生活垂直細分，成為社群營運的具體展現。隨著行動化情境時代的來臨，各大行業必將紛紛布局情境行銷領域。

## 廣告公司：情境行銷在行動時代的「進化」

在各種 O2O 專案遍地開花的時代背景下，傳統的行銷模式已經滿足不了商家對行銷的需求，情境化行銷作為一種新興的行銷模式開始受到商家的廣泛關注和利用，並且在產品行銷中發揮了重要的作用。

　　而隨著行動網路的快速、深入發展，情境化行銷也逐漸完成在新時代的進化，並帶來一種全新的面貌。傳統的情境化行銷離不開網際網路內容的瀏覽，而在行動網路時代，情境化行銷已經可以與內容分開。

　　在行動網路時代的情境化行銷，可以根據用戶的地點和狀態進行精準的資訊推送，比如，餐廳可以根據位置定位服務將其資訊推送到用戶的手機上。

　　在行動網路時代，商家應該怎樣進行情境化行銷？整體而言，還是要以用戶為中心，從用戶實際需求出發，直擊用戶的痛點。用戶在不同情境下關注的內容也會不一樣，同時在興趣點上也會有所差異，而行銷則要對當前環境下消費者的需求進行了解和掌握，並向其推送產品或者品牌資訊，實現精準行銷。

　　因此，廣告商們要學會深入挖掘和探索用戶的需求，了解在情境下用戶群體的特點，從而實現 RTB（Real Time Bidding，即時競價）或者非 RTB 的精準廣告投放，在行銷互動中全面了解用戶的需求，並及時改善投放過程。

　　我們的生活中存在著各式各樣的情境，消費者的消費行為就暗含著一些情境，比如你正在追求一個女孩子，想要送她一件特別的禮物，而這時正好有資訊來提醒你可以送什麼樣的禮物，從這些資訊中你選擇了某種商品作為禮物，這就是一種情境，並且這種情境下的資訊推送契合了你在情感以

及理智上的消費需求。

情境行銷是建立在消費者當前情境下消費需求的基礎之上的，在這種情境下推送的商品資訊更容易促成交易。隨著網際網路技術的發展以及巨量資料的廣泛應用，情境化行銷將會升到一個新的高度，品牌商將主動出擊，深入挖掘用戶的需求痛點，並根據用戶的實際需要提供相應的解決方案，從而建構一種全新的使用情境，創造一種新的行銷機會。

### (1)基於情境化行銷的舉例

某資訊技術有限公司旗下的廣告公司是全國最大的當地行銷網路平臺，自成立以來始終堅持本土化廣告的定位，透過整合自身的技術優勢和硬體優勢，在充分利用用戶行為資訊模型以及稀缺資源的基礎上建構了一套相對完整的情境化行銷生態系統。廣告公司致力於為客戶系統的情境化行銷提供解決方案。

有一家全國連鎖火鍋店，每年在節日期間為了提高客流量都會發放火鍋優惠券，在廣告公司的協助下，這家火鍋店是如何利用這一策略吸引消費者的呢？

廣告公司首先對火鍋店的需求進行分析：火鍋店面向的是喜歡火鍋或者喜歡辛辣食物的消費族群，因此火鍋店需要找到這個群體進行精準的優惠券投放，同時也可以吸引用戶線上下載優惠券。

在了解火鍋店的廣告投放需求之後，廣告公司利用商用 Wi-Fi 資源為火鍋店提供了一套情境化行銷方案，並在吸引消費者到店消費方面發揮了重要的作用。

在這裡需要說明的是，情境化行銷並不是在定位用戶地理位置的基礎上投放廣告這麼簡單，廣告公司可以在情境、閱聽人人群以及時間段生成的匹配係數方面對用戶群體進行精準定位。

◆ 針對匹配係數高的用戶群體，商家要高競價多頻次投放廣告；

◆ 對於匹配係數處在中游的用戶群體，商家可以正常出價正常頻次投放廣告；

◆ 對於匹配係數低的用戶群體，商家要不出價或者低價低頻次投放廣告。

據調查，情境化行銷中廣告的點選率為 1.2%，用戶到店的峰值轉化率為 1.8%，可以盡可能地發揮廣告預算的價值，實現廣告投資報酬率 (ROI) 值的最大化。

### (2) 行動網路時代，情境化行銷如何實現進化

行動網路的高速發展使得情境化行銷擺脫了網站內容環境的桎梏，擁有了獨立發展的機會。建立在位置定位服務上的情境化行銷，將行銷的觸角伸向了與用戶更加貼近的生活

和工作環境，在此基礎上透過對線上線下資訊的挖掘和利用，可以更加精準地抓住用戶群體，定向推送廣告資訊，滿足用戶在某一特定情境中的消費需求。

在網際網路時代，情境化行銷是建立在用戶上網行為基礎上的，包括輸入情境、搜尋情境以及瀏覽情境，透過對這些情境的分析和了解，掌握用戶的需求。

而在行動網路時代，情境化行銷已經不受內容環境的限制，可以在獲知用戶時間以及地點資訊的基礎上，面向用戶進行精準的資訊推送，比如可以在獲知用戶地理位置的基礎上向用戶推送餐廳的資訊，在某一個時間段推送新聞資訊等。

情境化行銷在行動時代的進化，主要經過了兩個階段。

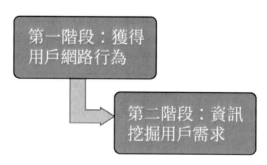

圖 2-10 情境行銷的兩個進化階段

①第一階段：獲得用戶網路行為

用戶的網路行為包括透過搜尋引擎以及瀏覽器獲取用戶的資訊等。

在網際網路時代，情境化行銷中的情境主要是輸入、搜尋和瀏覽三大情境，在重視滿足用戶上網體驗的基礎上，圍繞用戶在三大情境中的資訊，建構一種網路行銷模式：用戶從自己的興趣出發去網路上搜尋相關的內容，商家在獲取用戶搜尋資訊的基礎上就可以針對用戶的需求開展行銷，而這一行銷行為的觸發要以用戶的網路行為作為核心。

②第二階段：資訊探勘用戶需求

利用廣泛覆蓋的行動網路以及不斷提升的技術手段，商家可以獲取用戶的時間、地點、瀏覽記錄、使用行為等多方面巨量資訊，在對這些資訊綜合考慮的基礎上，可以辨識更加精準的用戶情境，從而從品牌自身特點出發向用戶推送有價值的資訊，滿足用戶在情境中的需求。

比如獲知了用戶在網上預訂機票的資訊之後，商家可以向用戶推送目的地的酒店以及旅遊景點的資訊等。

(3)「進化」中的三大驅動力

行動網路的普及

巨量資料應用與分析

廣告定向投放技術

圖 2-11 情境行銷進化的三大驅動力

①行動網路的普及

行動網路的廣泛覆蓋可以讓廣告隨時隨地投放到用戶那裡，為情境化行銷的發展和進化提供了重要的支撐。手機用戶客製化的特徵，讓廣告實現了私人訂製，較好地滿足了用戶對客製化的追求。

②巨量資料應用和分析

行動網路時代，巨量資料是其重要特徵之一，透過對巨量資料的挖掘和分析，商家可以對用戶有更深刻的了解，可以為消費者輪廓或者貼標籤，找到用戶的需求痛點，進而推送相關的資訊。

比如，廣告公司擁有巨量的情境資訊，可以為 O2O 商家的產品或服務推廣提供重要的支援，線上吸引用戶，線下消費。

③廣告定向投放技術

在資訊分析以及定位服務的基礎上，可以針對用戶實現定向廣告投放。定向技術與資訊探勘技術是相輔相成、相互支撐的關係，比如利用廣告家進行廣告投放，可以同時獲取資訊和消費者的回饋，從而在回饋的基礎上對廣告投放進行改善更新。

廣告公司所有的流量都來自於一些具體的情境，比如校園 Wi-Fi、餐廳 Wi-Fi、網咖等，這些情境往往具有較強的

區域性特點，廣告公司可以根據商家的實際需要具體定位情境，然後進行廣告投放。

從本質上來講，情境化行銷的進化離不開資訊以及技術支援，商家可以透過巨量資料獲得用戶更詳細的資訊，了解用戶的實際需求，然後再充分利用技術優勢在特定的情境中展開行銷活動，這不僅可以降低行銷成本，同時也可以有效提升行銷效果。

# 第 3 章
## 情境商業時代，
## 企業如何建構情境行銷模式？

# 3.1 情境建構：
# 搶占行動網路時代行銷制高點

## ▍ 未來商業的競爭是情境行銷之爭

隨著行動網路的發展，人們的生活發生翻天覆地的變化，手機成為生活必需品，人們無時無刻不在看手機，但產品行銷人員卻依舊無法找到自己的目標客戶，並與之交流互動。

行動網路時代的來臨使每個人都可以行動上網，但隨之而來的資訊碎片化卻在分散人們的注意力，傳統的行銷方式已無法適應時代變化的節奏，消費者面對產品資訊也失去了耐心。

企業應如何制定行銷策略，如何為消費者提供客製化的服務？

情境行銷就是企業根據消費者所處時間（time）、地點（place）、場合（occasion）的不同，而採取不同措施，為其提供即時服務，以滿足其不同需求。隨著行動網路的發展，情境行銷必將重構整個商業模式。

行動技術的發展為人們的生活、社交提供了便利，定位系統的出現打破了空間界限，而行動裝置的產生則加強了人們之間的連繫，可以隨時隨地與朋友、商家交流互動，獲得最新穎的產品資訊。同時，資訊的更新無需人工手動操作，系統會自動更新，並根據用戶瀏覽商品的記錄，推送相關的資訊。

用戶所使用的技術在日常生活中隨處可見，而情境則負責整合這些技術，使其發揮應有的效力。

在傳統時代，技術的發展程度滿足不了企業行銷的需求，因此，企業在為消費者提供服務時，通常分為了解消費需求、研發相應產品、物流配送三步。企業將大部分精力放在「讓消費者意識到自己有這個需求」以及「當他們下次在通路進行購買時能回憶起我們的產品及品牌」上，也就是如何吸引客戶，留住客戶。

在電視頻道直播運動比賽決賽前，可謂是廣告的黃金時段，其中就有運動明星代言的洗髮精廣告。這些洗髮精廣告給觀眾留下了深刻的印象，而在其後很長的一段時間內，到處都可見明星代言的這款洗髮精廣告。

那麼，閱聽人的洗髮精用完之後，是否會憑藉著印象去購買洗髮精？或許憑藉著產品品質以及明星的形象成功地在閱聽人心裡留下一絲印象，在同類產品大肆推出優惠促銷活

動時，消費者還是選擇了這款洗髮精。

消費者從需求到購買、使用，期間經過了較長的時間，接受過大量的產品促銷資訊，甚至可能由於工作、學習等原因更換居住地點，所有這些不確定的因素都會對產品的行銷形成考驗。更為重要的是，在日常生活中，很少有人願意花費時間去研究一款洗髮精。

在用戶沒有產生需求的情況下，企業花費大量的人力、物力、財力做出的行銷方案只能是白辛苦一場。

隨著行動網路發展而催生出的情境行銷，將改變這一現狀。而伴隨著技術的發展，人們的髮梳或許會帶有感測裝置，將自動記錄消費者的髮質情況，同時預測頭髮的生長狀況，並根據生成的資訊，向消費者推薦相應的洗髮精品牌。而消費者只需與髮梳推薦的洗髮精品牌交流互動，點選購買，就可以在洗髮精用完之前收到新的洗髮精。

在上述過程中，消費者不需花費時間和精力去了解洗髮精品牌，也不需時時關注家裡的洗髮精是否用完，一把智慧化的髮梳就可以解決所有問題，滿足消費者的需求。而對於企業來說，它的行銷創意、資金投入也不會再浪費。

### (1)商業未來將由情境決雌雄

隨著社會的發展，人類朝著兩個方向進化：在物質生活方面趨向懶惰化，而在精神生活方面則越來越勤奮。基於人

類的進化方向，社會進入一個「我們不用很累很麻煩就可以過得很舒服」的時代，而情境行銷則是這一現象的催化劑。

消費者不需要考慮自己到底需要什麼，行銷人員藉助巨量資料、行動網路等技術就可以獲取消費者的消費記錄，根據分析得出的資訊向目標客戶有計畫地推送產品資訊，引導購買，為他們提供客製化、訂製化服務。

在大量資訊的基礎上，企業可以隨時隨地獲取消費者的有關資訊，如消費者什麼時間，在什麼地點，跟哪些人接觸過，瀏覽過什麼樣的商品，甚至消費者在某一時間段內的情緒和感受，企業都可以精確地獲取。

科技的進步，為消費者提供了眾多便利，但隨之而來的問題也困擾著所有人：人們的隱私將會暴露在迅速發展的技術下。不過為了享受科技帶來的便利，大多數人還是會向企業提供自己的資訊。

《宅男行不行》(*The Big Bang Theory*) 中的謝爾頓 (Sheldon) 曾擔心隨著科技的進步，有一天以 ATM 為代表的智慧機器將不受人類的控制，但在現實生活中，人們還是更傾向於使用 ATM 機而非到銀行辦理業務。

技術進步能為人們的生活帶來巨大的便利，企業在利用科技獲取消費者資訊的同時，需要得到消費者的信任。只有得到消費者的信任，他們才會將自己的資訊主動提供給企

業，並且接受企業所推薦的產品。

　　未來，情境行銷將是市場競爭的主流。消費者不需向商家回饋自己的需求，就可以體驗到客製化的服務。

## ▍情境爭奪：主戰場從入口轉向情境

　　傳統網際網路爭奪的關鍵點一直聚焦於流量和入口，而到了行動網路時代，這一爭奪點轉移到了情境。

　　如今，頁面瀏覽量的輝煌時代已經過去，立足於情境觸發（Scene Touch）的情境時代悄然而至。網際網路大廠們應當及時調整思維和立場，擁抱情境，不然很快就會與時代脫節。現在，很多企業都處於從 PC 經濟到行動網路經濟的轉型中，在流量經濟逐漸失效的過渡期，不少企業面臨著轉型的機遇和挑戰。

　　以情境為中心的商業體系正在建構，那麼，在這一建構過程中究竟該遵循怎樣的規則呢？

### (1)流量模式失靈的原因是什麼？

　　傳統的網際網路模式是以流量為核心建構的商業模式，而到了行動網路時代這一模式似乎運轉不靈了。PC 網際網路時代下，PV 日進百萬卻無法支撐一個團隊，這是頗受人詬病的；而行動網路時代，基於廣告按照面積來計算價格的準則，流量當然無法占據優勢。

實際上，流量模式僵化老去的重要原因之一還在於其應用方式的簡單粗暴。舉個簡單的例子來說，橫幅廣告作為一個出現率極高而且碎片化程度極強的廣告形式，特別容易受到用戶的排斥，它出現在主程式介面上簡直就是要催促用戶快點關掉這個介面。

如今社會智慧化程度越來越高，除手機、電腦之外，智慧終端甚至已經應用到家用電器上，在這種情況下傳統的流量模式還能保持價值嗎？答案必然是否定的。

## (2) 主戰場從入口轉向情境

以叫車軟體為例，各大軟體共同之處在於為用戶建構了一個叫車支付的情境，雙方之間的競爭其實就是情境的競爭。從情境支付建構的過程我們可以得知，情境的建構需要找準用戶的需求痛點，或者說弱點，切中這個點進行建構最容易激起用戶的使用欲望，當然，購買欲望也隨之而來。

實際案例證明，目前能夠在網際網路領域站穩腳跟的，無一不是能把情境運用得爐火純青的。

從以上我們不難發現，在行動網路時代，企業角逐的主戰場已經從入口轉向情境。

## ▎情境建構：情境模式落地的三個關鍵點

### （1）以情境為中心

在行動化情境時代，市場競爭由以產品為中心轉向以消費者需求為中心。行動技術的發展，使消費者的地位得以提升，企業不再盲目生產產品，而是先進行詳細的市場調查，了解消費者的需求，再研發推出符合消費者期望的產品。

企業在建構特定情境以實現行銷目的時，還需要深入挖掘消費者的需求，了解「為什麼消費者會在這個時間這個地點這種場合」產生這樣的需求。只有了解消費者產生需求的原因，企業才能設計出符合消費者需求的產品。

行動網路技術的發展為企業獲取消費者資訊提供了便利的管道。企業不需要研究個別消費者的消費習慣和消費行為，可以透過巨量資料、社群媒體、定位系統等技術研究整個消費族群的消費行為，從而制定相應的策略，實現情境行銷。

圖 3-1 情境建構的三個關鍵點

## (2)以情緒為對象

情境行銷是行銷者建構特定情境，以引起消費者情感共鳴的行銷方式。如果行銷者為消費者提供眾多情境，那麼消費者往往不會有耐心瀏覽所有產品資訊，更不用說體驗情境帶來的情感上的共鳴。

著名社會心理學家喬納森‧海特（Jonathan Haidt）研究發現，人們首先依靠直覺對一個事物做出評價，然後再理性推理。因此，在人們的消費行為中，直覺能驅動他們做出購買的決定。

受情感或者情緒的影響，消費者往往會衝動消費：由羨慕產生購買欲望，繼而下單支付，最後完成交易。企業只有釐清情緒在消費者購物過程中扮演的重要角色，才能回答「品牌建構到底是在建構什麼」的問題。品牌建構就是透過各種行銷策略，最終引起消費者情感上的共鳴，做出購買的決定。

或許隨著時代發展，會有層出不窮的產品出現，但是企業一旦形成自己的品牌效應，便會降低新興企業對自身品牌的衝擊力，消費者在選擇同類產品時，首先想到的是有著良好口碑的品牌。消費者從情緒上對企業產品的認同，增加了企業與消費者交流互動的機率。

也許有的企業會存在這樣的疑惑：「為什麼我的產品比它

的好，行銷手段也比它的華麗漂亮，消費者都覺得我的好但還是會買它？」

這是因為這樣的企業雖然產品的品質、行銷方案都非常好，但它們卻不能從情感上給消費者以觸動。因此，消費者更願意選擇那些能引起他們情感共鳴的產品。

### (3)以資訊為驅動

在行動化的情境時代，資訊決定著企業行銷的成敗。

在傳統時代或者 PC 網際網路時代，由於科技發展緩慢，企業還無法獲得全面的、彼此之間有連繫的資訊，而在資訊分析流程，也常常面臨著「重複已知結論」和「製造雜訊」兩方面困境。

企業獲取的用戶資訊不精準，致使分析的閱聽人需求也與實際有差異。對於消費者來說，企業推出的產品無法滿足其客製化需求，也就無法形成用戶黏著度和忠誠度。或許消費者這次購買了公司產品，而下一次則可能成為其他公司的客戶。

企業只有將消費者看作獨立的個體，針對他們回饋的不同需求來研發不同的產品，才有可能實現精準行銷。企業在與消費者交流互動時，需要藉助資訊驅動，以此改善情境行銷的整個過程。

## 情境 App：建構 App 情境的三個原則

App 的成功意味著它按照一定的模式建構起了屬於自己的情境，但情境的建構都要遵循一定的原則，核心原則如圖所示。

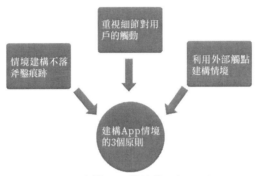

圖 3-2 建構 App 情境的三個原則

### (1) 情境建構不落斧鑿痕跡

情境建構自然，讓用戶察覺不到斧鑿痕跡，會更容易被接收。

我們可以得出一個結論，情境的建構應當順應用戶的習慣，在用戶覺得合適的時候觸發，而不是硬性創造條件，強制推送。

### (2) 重視細節對用戶的觸動

情境的營造是否具體，也就是說細節是否營造到位，對於最終的行銷效果會產生很大影響。

　　某廣告公司曾與保險業合作，試圖在其 App 上銷售班機意外險，但效果並不好，最主要的原因就在於整體情境的營造欠缺細節性東西。

　　舉例來說，倘若在某個班機機票銷售的同時增加一條資訊提醒：該班機的延誤率為 80%，那麼用戶購買班機不便險的機率會不會提升呢？

　　查爾斯·杜希格（Charles Duhigg）認為，觸點對於習慣培養形成了幾倍於其他時機的作用，那麼相應觸點中如果呈現出更多具體細節，無疑能夠增強驅動力。

### (3) 利用外部觸點建構情境

　　我們很容易就能想到，一件事情的發生除了內因之外還有外部觸點的作用，App 的使用亦是如此。倘若 App 內部有非常完善的體系和引導系統，用戶卻不使用，效果還是零。所以，針對 App 的使用環境來挖掘外部觸點也是建構情境的重要因素。

　　在使用環境中，可利用的誘發觸點其實是普遍存在的，例如簡訊、通知欄資訊、地理位置資訊等等。其中，簡訊是最簡單、利用率最高卻最容易被人遺忘的一個觸點。

　　舉例來說，銀行可以透過簡訊建構出一個分期付款的情境，航空公司可以透過機票簡訊建構出預定目的地飯店的情境等等。由此可見，簡訊所能觸發並建構的情境是多樣的，

不過可能恰恰是因為它的普遍和高頻，它建構情境的能力卻偏偏被忽視了。

在很多人還擠在行動網路的入口為了一點點縫隙你爭我搶的時候，很多有遠見有實力的超級 App 以及行動裝置廠商已經在資訊領域做出了新的動作。

2015 年，智慧裝置經歷過一個爆發高峰期後，發展腳步逐漸趨於平緩穩健，不少廠商更加關注提升用戶的體驗，來為自己未來 O2O 循環的發展打下基礎。

IT 是一個風起雲湧、瞬息萬變的市場，唯有擁有敏銳的洞察力和果斷的決策能力才能有效地規避風險，在風口浪尖掌穩船舵，否則一朝舟覆，悔之晚矣。

人們應當意識到，PV 流量時代已經逐漸被發展的行動網路拋棄，未來很長一段時間內將是情境時代的天下，如果依然堅守曾經的流量模式，固執地不肯接受情境模式的改變，那麼必然會被這時代大潮淹沒。

# 3.2 情境挖掘：在情境中尋找痛點，滿足消費者的情境需求

## 情境挖掘與延伸

紅包是頗具象徵意義的東西：佳節送紅包象徵吉祥、喜慶。通訊軟體發紅包選擇新春佳節這樣的特定情境，不僅發揮了紅包作為金錢交易的基礎作用，也為節日增添了熱鬧的氣氛。

當然發紅包在通訊軟體的興起實質上更促進了人與人之間的交流，軟體的社交性使其實質作用超過了紅包本身的金錢意義。

由這個例子我們可以得出結論，節日已經成為情境挖掘的重要入口。人們喜歡在節假日與朋友一起去消費，而網際網路和行動網路的興起又打破了地域限制，使素不相識的人也可以在同一時間交流溝通同一個話題，做出趨同反應，因而成為情境中的潛在消費者。

無論是從交友圈的互動，還是從紅包的收發量來看，紅包的互動成功都是毋庸置疑的。但是大多數用戶不會將收發的紅包用在支付之上，而是習慣於將零錢閒置或提現，在這

個意義上則算不上成功。究其原因，可能是因為通訊 App 在情境的挖掘和延伸上做得不夠。

## 定位挖掘：注重情境與產品的連線性

大型通訊軟體所涉及的支付系統還是比較全面的，包括叫車、儲值、訂機票、車票、看電影等各類常見的支付類型，但是我們並不經常使用 App 來完成這些支付。

一方面，大多數人只將通訊軟體看作社群軟體，而在叫車、購票等付費領域有自己的常用軟體或其他管道。比如想要看電影，我們會選擇專門的電影類 App，這些專門軟體搭建了專業情境來幫助我們購票、選座，為我們提供了高效快捷的操作體驗，所以我們在有看電影的需求時更傾向於選擇專業類 App。

另一方面則是因為大多通訊軟體並沒有突出其支付功能板塊。雖然的確為用戶搭建了不少情境，但是由於情境與產品本身沒有太強的關聯性，用戶更願意選擇專業化的 App，所以很少使用通訊軟體的支付來完成付費行為。

可見，情境與產品的關聯性應成為動網路產品進行情境搭建時所要關注的重點內容，以便幫助用戶形成與產品相對應的習慣，從而更好地實現產品價值。

## ▍時機挖掘：利用現有情境實現產品價值

消費者的需求有些是暫時的，而這正是企業必須要抓住的時機，然後根據消費者的需求利用現有情境來實現產品價值。

比如住宿是我們到達一個陌生城市最亟須解決的問題，如果在住宿需求產生時，企業為我們提供可以選擇的住宿資訊，就能在較短時間內幫助我們解決問題。當然資訊價值最大化是在需求產生的時候，這就要求企業或產品研發者把握時機，為用戶提供快速有效的服務。

我們以宿霧航空的「雨 QR code」（Rain code）為例：陰雨天給人的感覺是憂鬱、沉悶，而香港作為多雨城市的代表更是這樣。宿霧航空為拂去乘客因雨天而煩悶的情緒，吸引人們前去宿霧旅遊，在香港路面噴上了神奇的 Rain coad。這種雨 QR code 是用特殊的防水噴漆製作而成，神奇之處就是它可以在陽光下隱形，卻在雨天出現。

在雨天人們可以看到一句溫暖的話：「It's sunny in the Philippines.」這讓他們感到十分新奇，紛紛拿出手機掃描 QR Code，宿霧航空的機票預訂頁隨即映入眼簾，「雨 QR code」帶來的潛在消費即開始。

宿霧航空藉助現有情境在為乘客帶來新奇的同時也實現了產品的潛在價值。實踐證明，行動網路產品找準時機，在對的情境做對的事可以達到事半功倍的效果。

## 需求挖掘：行銷即生活，生活即情境

我們的生活是由一個個情境組成的，這其中商機無限，企業要想在市場競爭中取勝，最關鍵的是要挖掘情境中的用戶需求。

大型電商的成功正是由於深入挖掘消費者需求，並為其打造了一種全新的購物方式，改變了消費者原有的生活方式。而同作為網際網路公司的其他競爭對手是否也能夠取得這樣傲人的成績？答案是肯定的。

Line、臉書的出現更好地實現了與現實同步的線上交流。臉書成為現代人離不開的社群平臺，透過臉書了解朋友的動態、藉助 Line 與父母溝通已經成為現代人的生活常態。

Line 更加滲透到人們的日常生活中，所以與其以支付情境搶占市場，不如從產品本身和用戶需求入手，為其打造全新的生活服務情境。對於一個想要長久發展的企業來說，符合自身特點的穩固的商業生態系統是必不可少的。

搭建生活服務情境是通訊軟體走向成功的必經之路。

事實上，當這些曾經必須線下才能完成的業務被轉移到線上時，既改變了人們的生活方式，也使得 Line 在不知不覺中建立了屬於自己的生活服務類生態系統，而這才是 Line 打入支付領域的正確途徑。

對於企業來說用戶需求是其在行動網路領域占據優勢的

利刃，即使沒有優質資源和強大關係網，只要把握住用戶需
求，實現情境與需求的對接，企業就必然能夠為用戶提供符
合需求的產品，並使用戶心甘情願買單。

# 3.3 情境創造：讓消費者在情境中產生強烈的參與感

## 從缺席到在場：與消費者建立情境互動

所謂情境行銷就是為消費者創造情景，使消費者對原本模糊、隱蔽的產品行銷有準確認知，真正回歸到產品中。簡單來說，就是情境行銷可幫助消費者由缺席狀態轉換成在場的直接感知。

我們通常認為網際網路和行動網路的參與主體都是以虛擬符號形式出現的，行銷中商家與消費者的交流也是一種符號化的互動。也就是說，在網路化行銷當中，消費者是缺席的，並沒有真正參與進來。然而在我看來，這種理解並沒有從消費者為中心的情境出發，忽視了消費者的主體作用。

網際網路時代的到來必然將我們的生存空間分割成現實和虛擬兩個維度，而消費者無疑是共存於這兩個維度的，在現實生存空間與虛擬生存空間的相互轉換中又形成了相應的生活情境，即現實情境和虛擬情境。

不論是發紅包、搶紅包，還是看電視都是搭建了一種情境，而消費者的積極參與則使其處於在場狀態。所謂的「在

137

場」就是「即時發生」的事、「親眼所見」的人或物，由於可以直觀地看到、聽到，便使人產生身臨其境的感覺。哲學中對「在場」的定義有些抽象，通俗點講就是指已經出現在人們眼前的事物，我們可以對其進行理性的分析解構。

　　情境行銷將消費者帶入某種情景，使其產生親臨其境的感覺，由此消費者的主體地位進一步提升，曾經在行銷中以被動接受為主的狀態向主動感知轉變，消費者現身於行銷情境中，參與感得到極大提升。

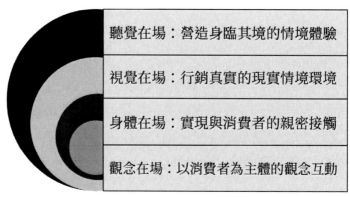

圖 3-3 情境行銷所建立的情境互動內容

## ▏聽覺在場：營造身臨其境的情境體驗

　　我們通常將跨年晚會看作一場視聽盛宴，觀眾可以透過電視或網路感受現場的氛圍，但是事實上觀眾的聽覺在場只是一種藉助媒介轉播獲得的「遠端在場」。

「遠端在場」只能讓觀眾聽得到，而無法讓觀眾真正地參與其中，跨年晚會中的廣告行銷也只能算得上「露個臉」而已。然而只要能夠搭建了共同的情境，使觀眾藉助這樣的方式參與到處於相同時空維度和聽覺維度的消費當中，不得不承認聽覺在場是提升消費者主體地位，實現商家行銷目的的重要方式。

無論是商家提供的產品還是服務，實質上都是圍繞消費者的需求設計的，所以消費者是否參與其中就變得非常重要，也就是說消費者的在場對商家的行銷是至關重要的。

在傳統觀念裡，聽覺只為我們匯聚聲音，畫面感相對較弱，聽覺在場也就很難成為主要的行銷方式。但是數位技術的發展實化了聽覺在情境行銷中的作用，聽覺在場使消費者能更真切地體驗到身臨其境的感覺。

假如在你飢腸轆轆的時候，情境內的商家透過語音即時向你推送你喜愛的食物，是不是就會有大快朵頤的衝動呢？

## ▎視覺在場：行銷真實的現實情境環境

不論是透過電視看跨年晚會，還是透過網路看演唱會，我們的視覺都處於在場狀態，但這仍然是一種隔著媒介的「遠端線上」，觀眾只是一個欣賞者，而非真正的參與者，不過視覺在場對於情境行銷來說是相當重要的。

視覺在場要求消費者真正看到某件事物，但是過去的行銷只是以預設情境吸引觀眾，而這種預設情境是不具備時效性的，也正是由於預設情境與現實情境的差異使商家無法得到預期的行銷效果。

在技術如此發達的今天，實體店依然能在網際網路商業世界中占據一席之地，最重要的原因就在於線上情境的最終實現與之前的預期仍存在著或多或少的差距，這就意味著商家必須要將視覺在場做到極致。

試想當你購買一個手袋的時候，要考慮的除了價格、性能、買家評價這些基本要素，還有什麼？你還會考慮自己提這個手袋會有什麼樣的手感、要搭配什麼風格的衣服、這個手袋適合什麼樣的情境等等問題。這就需要商家從消費者的現實情境出發，為消費者提供舒適的行銷情境。

## 身體在場：實現與消費者的親密接觸

我們這裡所說的身體在場，並不是指生理上的肉身在場，畢竟數位行銷中使消費者的「肉身在場」是不現實的。

身體的社會性也屬於身體概念的範疇，傅科（Michel Foucault）、高夫曼（Erving Goffman）等人在定義身體概念時除了生理性更加注重其社會意義。在這一概念的統籌下，傅科針對身體被話語所規訓的過程展開研究，高夫曼則研究社

會規範與身體之間的關係以及雙方的互動。

　　從這幾人的研究來看，身體的意義已經遠遠超出了概念中的定義，而向社會中的行動系統和實踐模式方向發展。以此理論為基礎，我們不難發現，行銷中身體在場理念的可行性大大提升。

　　情境行銷的成功是需要商家為消費者提供「身體在場」的情境的，比如餐廳根據消費者的就餐資訊分析出其就餐習慣，然後將真實就餐情境一併推送給消費者，如此一來，相信消費者會很樂意到這家餐廳就餐。

## 觀念在場：以消費者為主體的觀念互動

　　無論是聽覺在場、視覺在場，還是身體在場，都是向消費者傳遞觀念的途徑，所以我們將觀念在場看作消費者在場的最高形式。

　　傳統行銷是妄圖以「填鴨式」將產品觀念直接灌輸給消費者，並不管消費者是否願意，這種方式必然會導致消費者的反抗心理，進而無法實現消費者的觀念在場。事實上觀念在場考驗的就是消費者與商家是否進行雙向交流，商家是否根據與消費者的互動進行情境行銷。雙向性的觀念在場是情境行銷的核心，即商家以消費者為主體進行觀念互動，並最終以消費者的意願進行資訊推送。

情境行銷已經成為涉及線下和線上領域的立體化行銷模式，以數位技術為支撐，使得現場與在場的融合度大幅提升。情境行銷最大的特點就在於令消費者的角色回歸本體，以視覺在場、聽覺在場、身體在場直到觀念在場為核心，最大限度地刺激消費者的參與。

在未來市場的發展中，情境行銷將在開發產品、找尋用戶、提升體驗、最佳化設計等方面大展拳腳。若想要真正取得成功，情境行銷必須繼續捕捉並深度挖掘情境，在「讓消費者在場」這一方面狠下工夫。

# 3.4 情境行銷的三個層面：如何吸引消費者購買？

## ▎時間層面：碎片化時代的「聚」行銷

　　對於一個行銷行業的從業者來說，只要能夠全面了解和掌握消費者的需求，就可以做到在傳統行銷中不可想像的事，比如可以在消費者最有消費需求的時候推送產品資訊，實現商品的精準推送，從而提高商品的交易率。這是情境行銷最理想的狀態，而這一理想狀態的實現離不開技術的發展和提升。

　　行動裝置、資訊、社群媒體、感測器以及位置服務是構成情境行銷的五大元素。

圖 3-4 構成情境行銷的五大元素

　　智慧手機、平板電腦以及智慧可穿戴裝置都可以視為行動裝置;用戶在使用行動裝置的過程中會產生大量資訊,而資訊透過一些管道或者方式去接觸核心的用戶就屬於社群媒體;要想透過行動裝置獲取更全面的資訊,就需要更多感測器的支撐;而位置服務可以為用戶提供更精準的位置定位,隨著行動裝置以及感測器的加入,位置服務已經上升到了一個新的高度。

　　在情境行銷中必然離不開行銷的對象 —— 消費者,那麼在技術條件已經具備的前提下,怎樣才能搞定消費者呢?首先我們來探討一下情境行銷的第一個層面 —— 時間維度。

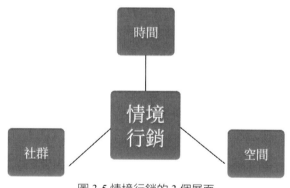

圖 3-5 情境行銷的 3 個層面

　　行動情境時代的到來,為人們帶來了一種全新的生活和消費方式。隨著各種行動裝置的流行和廣泛應用,人們的時間逐漸呈現碎片化趨勢,消費者可以使用手機隨時隨地購物、消費、娛樂等,那麼應該怎樣在這些碎片化時間裡正確

地切入行銷呢？

在這一方面做得比較好的是地圖導航 App，不僅可以為用戶導航，同時還可以引導用戶的消費行為。

當用戶早上開車上班的時候，App 可以為用戶找出一條最佳路線，有效避免擁堵；在遇到紅綠燈等待時，App 會為用戶彈出可以從附近星巴克買一杯咖啡的提示資訊；當用戶在週末去沃爾瑪購物的時候，App 還會提供銀行 ATM 機的位置，為用戶提供更多便利。App 能夠準確把握各個時間點，為用戶創造了更貼心的消費情境，提升了消費者的使用體驗。

隨著智慧手機的普及，越來越多的年輕人傾向於透過手機了解各種資訊，不管是公車上還是捷運上隨處可見「低頭族」，但是這些場所訊號通常不好，許多「低頭族」面對離線頁面也很無奈。

而新加坡圖書出版商 Math Paper Press 就抓住這一情境進行有效利用，將圖書中的段落植入到離線頁面中，當用戶遭遇斷網的時候就可以看到圖書的一些段落以及書店的地址，不僅可以讓用戶在無聊等待的時間看一些有趣的內容，同時也為書店招攬了更多生意，真正做到了見縫插針，合理利用了碎片化的時間。

## ▌空間層面：行動連線情境，打破空間限制

從字面上理解，行動行銷就是讓行銷可以行動起來，而地理位置在其中發揮了重要作用。在行動網路時代，用戶的位置已經成為一種公開資訊，只要用戶使用電子導航或者電子地圖，商家就可以輕鬆獲取用戶的位置。手機更是相當於一個「GPS」，只要攜帶就可以輕鬆地被別人找到。

星巴克可以說是行動行銷的重要開創者和實踐者，走在路上的時候若你突然萌生了想喝咖啡的念頭，就可以開啟 Mobile Pour App，允許星巴克獲取你的地理位置，然後點上一杯你想要的咖啡，並繼續向前走，過一會兒你就可以拿到咖啡了。

星巴克的這一舉措受到眾多消費者的歡迎，消費者不用再滿大街尋找星巴克門市，只要定位自己的位置，他們就可以輕鬆找到你，為你提供貼心的服務，從這一方面來講，暴露自己的位置資訊也不是一件壞事。

再比如前文我們提到的宿霧航空推出「雨 QR code」的行銷方式，不僅沒有給消費者的日常生活形成困擾，反而在下雨天為他們尋找到了一種更好的出路。而且透過這一行銷活動，宿霧航空的訂單量成長了 37%。宿霧航空雖然沒有利用定位技術，但是抓住了「天時」，創造了「地利」，充分發揮馬路、大街的行銷潛能，創造出了更大的價值。

## ▌關係層面：以社交關係切入互動情境

社交關係也是情境行銷中重要的組成部分，當消費者在完成購物並且體驗了產品之後，還會對商品以及服務進行分享和評價，而用戶的評價將對其他消費者的購買決策形成影響。正面的評價將促進商品銷售，而負面的評價則會阻礙商品銷售。

行動網路的發展將購物變成了一個個碎片化情境，簡單、快速已經成為行動網路時代消費者購物的標籤。產品的口碑以及朋友的推薦將直接影響消費者的購買決策。

特斯拉在市場上正式開放預約的同時，還推出了一款情境應用，用戶透過掃描 QR Code 或在社群上分享的方式就可以開啟應用，並了解特斯拉的產品性能和更詳細的資訊，對產品感興趣的用戶還可以直接線上預約。

著名的內衣品牌「維多利亞的祕密」也曾經在七夕之前上線了一款應用程式，並在社群廣泛流傳，用戶透過「擦螢幕看性感模特兒」活動，可以瀏覽品牌介紹以及各種款式的內衣，並了解產品的報價，這一神祕又帶有一絲性感的應用活動，吸引了眾多用戶參與。

與獨立的行動客戶端相比，依靠社群關係傳播「情境」的方式不僅速度更快，而且可信度更高，在刺激消費方面可以發揮更大的效果。

## 行動情境的建構法則：
## 在特定時間、地點提供需求服務

隨著行動網路時代的來臨，情境行銷得到越來越多企業的重視。無論什麼行業，都強調行銷的情境性，即在特定時間、地點，為消費者建構特定的生活情境，以引起他們情感上的共鳴。

目前，越來越多的企業開始對消費者決定購買的時機進行研究。

2005 年，P＆G 公司專門對消費者的購買時機進行研究，結果發現，消費者在看到商品的 3 到 7 秒產生關鍵的購買衝動。由此，P＆G 公司高薪聘請了 FMOT（第一次購買的真實衝動）主管，並建立了一個由 15 人組成的團隊，負責刺激消費者的購物衝動。

無論什麼時代，抓住消費者的潛在需求都是企業最為關注的問題，而促銷時機則影響著實體店的銷售量。如果實體店的促銷時機不對，就會影響產品的銷量，從而影響實體店的發展。從根本上說，沒有把握住促銷時機，就意味著沒有抓住消費者的潛在需求和購買衝動。

隨著行動網路的發展，消費者有了更多獲取資訊的管道，同時也擁有分享交流購物體驗的平臺。與此同時，在行動網路時代，消費者的生活方式和購物習慣也發生了變化，

他們開始在行動端觀看影片，線上瀏覽商品並下單支付，整個交易活動都基於行動網路完成。消費者的這種線上購物的行為，也有可能刺激其他消費者的購買欲望。

行動網路技術的發展，縮小了企業與消費者之間的距離，改變了消費者的生活習慣，手機成為用戶隨身攜帶、不可缺少的物品，而企業可以透過行動智慧終端與用戶達成協定，獲取用戶的消費記錄及其他基本資訊，從而不斷改善對消費者的服務，使消費者獲得滿意的購物體驗。

行動網路的發展使企業可以基於特定時間、地點為消費者提供服務。由於消費者隨身攜帶手機，而手機中又帶有定位功能，這樣企業就能夠準確獲取用戶的時間和空間資訊，從而挖掘消費者的潛在需求，為消費者寄送特定的商品資訊，實現精準行銷。

同時，用戶可以根據智慧手機的提示行動。智慧手機可線上分析用戶目前所處的地理位置，然後向用戶寄送資訊，如附近某個商店正在推出促銷活動，消費者可以去購物。

百事公司開發了一款可以安裝在 iPhone 手機上的應用程式，只要用戶在手機上安裝這款程式，就可以隨時檢視離自己最近的銷售百事產品的店家。透過這款程式，百事公司成功拉近了與消費者的距離，透過與消費者的互動溝通，形成了用戶黏著度，提高了忠誠度。

行動網路的發展為企業與消費者提供了互動平臺，消費者可以將自己的疑問與需求回饋給企業，並得到及時的解答。對於企業而言，透過智慧手機，可以縮短與消費者的距離，與其進行良好的互動，從而改善消費者的體驗。在行動網路時代，企業需要適應市場的變化，及時轉變經營思路，順應時代的發展，力求做到線上線下相互配合，共同為消費者提供良好的購物體驗。

傳統的行銷方式通常是消費者到實體店中，才可能了解到產品的資訊，而行動網路的發展則彌補了這種缺陷，使企業可以線上宣傳，消費者可以隨時隨地了解產品的最新情況，從而為雙方提供了便利。

雖然行動網路的發展為企業行銷提供了諸多便利，但同時企業也面臨著諸多挑戰，例如如何精準把握時機，如何準確定位消費族群，如何適應瞬息萬變的市場環境，如何在激烈的市場競爭中生存下來等。

**時機很難精準掌握**

雖然行動網路技術、巨量資料等的發展，使企業可以隨時隨地獲取消費者的資訊，挖掘消費者的潛在需求，但企業依舊無法長遠預測市場的變化，只能在短時間內做好應對措施。如何精準把握促銷時機，迎合消費者的需求還需要技術的不斷發展。目前，商家只能根據自己的經營經驗判斷、滿足個別消費者的需求。

### 面對不同的人，需要把握不同時機

隨著時代的發展，消費者的個性特徵更加明顯，因此，企業在行銷過程中也必須重視消費者的個性，滿足不同消費者的需求，而這又為企業經營增加了難度。

### 需求與時機瞬息萬變

在行動網路時代，市場環境瞬息萬變，消費者的消費衝動也稍縱即逝，如何才能把握促銷時機是當下困擾企業的一個難題。如果錯失促銷時機，那麼不僅會影響產品的銷量，同時還會導致客戶流失，影響企業的長遠發展。

### 人人都看到的時機，競爭肯定異常激烈

如果商機顯而易見，那麼必將導致激烈的競爭。例如，每年跨年晚會的前半個小時、奧運比賽直播前的時間以及熱播電視劇前的時間等都是廣告的黃金時段，必將引起商家的爭奪。雖然商機千載難逢，但企業也需考慮為抓住這些商機所付出的代價是否值得。

# 3.5 社交情境：
# 基於社群平臺的情境行銷法則

## 可口可樂：客製化訂製下的多平臺聯動

　　網際網路資訊中心的一項研究顯示：全球範圍內的社群平臺用戶數量 2014 年已經達到 18.6 億。社群媒體資訊的即時互動性給人類的生活帶來了深刻變革，一種具有社交屬性的情境行銷開始成為企業行銷的「寵兒」，與傳統行銷方式相比，它迎合了消費者的心理需求，讓消費者在參與、互動、分享的過程中主動達到企業想要的行銷效果，行銷內容更為人性化和客製化。

　　社群媒體平臺的差異性決定於用戶群體的不同特徵，企業在不同的行銷平臺上行銷產生的效果也存在較大的差異。企業需要根據社群平臺用戶的不同特點，制定客製化的行銷策略，從而實現多平臺精準行銷。

　　2013 年，憑藉「可口可樂暱稱瓶」，可口可樂斬獲廣告獎項，暱稱瓶的行銷手段到底具有怎樣的魅力？企業的行銷管理人員又能獲得怎樣的啟示？

　　其最大的祕密就是瓶身上迎合消費者心理需求的暱稱包

裝，比如喵星人、天然呆、科技男等十分時尚的熱門詞彙，這些詞語都是可口可樂的市場行銷部門經過巨量資訊統計之後才得出的結果。富有情感體驗的包裝更容易獲得消費者的認可，許多可口可樂的消費者會根據「暱稱」來購買，口味的差異性在情感需求得到滿足後已經變得不那麼重要。

這些詞語的興起正是來自於眾多的社群媒體平臺，可口可樂根據平臺的不同特點制定了相應的行銷策略。

微型部落格：打響「暱稱瓶行銷」的第一戰

微型部落格的強大社交關係的特點非常有利於資訊的快速傳播，可口可樂將其作為打響「暱稱瓶行銷」的第一戰，在微型部落格上分享了 22 張懸念海報，一天後可口可樂的官方帳號揭曉懸念，確認可口可樂準備換包裝，而且發起「暱稱瓶」限量預銷售，1 分鐘之內 300 瓶可樂全部售完。

2014 年，可口可樂在校園推出了一款更具創意的產品，這款產品只有兩個人合作才能開啟。一個消費者找到購買相同瓶子的人後，兩個人將瓶蓋對準，同時向相反方向轉動即可開啟。這個創意能加強同學之間的人際交往，促進同學之間的交流合作。

透過這次活動，可口可樂不僅宣傳了產品，還提醒了人們對日益疏遠的人際關係的重視，傳遞了社會正面心態，廣大的消費者怎能不為其「點讚」？

新穎的設計理念、極富創意的行銷手段，再加上與多個平臺之間的聯動合作，可口可樂的行銷成功是必然的結果，其分享、合作、互動精神也為烈日炎炎的夏季帶來一縷清風。透過針對不同平臺的特點制定出的不同的行銷策略，可口可樂打出了一記漂亮的「行銷組合拳」，為企業創造了巨大的價值。

## 特斯拉：強連線力品牌下的新生態

特立獨行的科技公司特斯拉汽車公司在宣布進軍亞洲市場時，連「名片」都是獨一無二的，特斯拉的官方帳號釋出了一條資訊：「嗨，給你一張特斯拉的名片」，點開資訊後，能看到一個由圖片、音訊、影片組成的數位名片，精美的製作、強烈的視覺衝擊給人留下了深刻的印象。

這種資訊本質上是一種具備社交屬性的資訊流，臉書、部落格等社群媒體平臺都可以作為其傳播通路。不同於一些企業毫無創意的臉書行銷廣告，特斯拉超越了建站功能的基本屬性，向行動網路時代的我們展示了輕 App 在商業中的巨大能量。特斯拉巧妙地將輕應用 App 與社群媒體相結合，運用社群行銷的手段，發掘出潛在的巨大商業價值。

在未來，企業行銷的主流發展趨勢是強化自己與消費者之間的連線通路，使企業與消費者實現無縫連接，透過與用戶的交流互動營運粉絲社群。企業將透過社群媒體平臺發揮

出的巨大傳播能量，讓自己的行銷資訊流快速流轉到社群之中，跨越企業邊界，形成「以企業為中心，輻射多個社群」的新生態。

特斯拉的這次行銷投入幾乎為零成本，但卻產生了極佳的品牌傳播效果，成為「強連線力品牌」的巔峰之作，被業內多家企業奉為經典。這種輕應用 App 能夠以行動終端為媒介連線潛在消費者，使消費者在社群媒體平臺上進行產品體驗，提升了企業的服務效率以及用戶體驗。

將近一個月的時間，這條由輕 App 組成的社群資訊獲得了上百萬次點選，擁有獨立 IP 地址的用戶有 50 萬之多，其中 1,200 多人用手機提交了產品的預約申請，曝光量超過 500 萬人次。社群媒體平臺的強大傳播能力使資訊流傳播至那些樂於嘗試新鮮事物的人群，從而提升了產品銷量。

特斯拉的輕應用 App 行銷顛覆了企業的傳統行銷思維，行動網路時代行銷的主戰場從 PC 端逐漸向行動終端轉移，連線通路成為企業與消費者之間進行互動的核心要素，行動網路時代企業對連線節點的塑造成為企業行銷成敗的決定性因素。

這種輕應用 App 行銷在未來將會展示出巨大的影響力，從而被各大企業廣泛採用，作為消費者來說也將面臨一個資訊互動的全新通路。

## 社交情境行銷的核心：
## 情境 + 關係 + 內容 + 互動

以智慧手機為代表的行動終端在行動網路時代成為人們完成線上與線下角色轉換的重要媒介，更是 UGC（用戶創造內容）的起點以及傳播通路，還是消費者為進行消費決策而獲取產品資訊的重要手段。社群媒體平臺對資訊流的傳播及分享能力使其一躍成為企業行銷的「黃金地段」，這種具有社交屬性的行動 App 應用，在商家與消費者之間架起了資訊互動的數位橋梁。

根據相關調查，2014 年的行動網路市場規模已經突破了 2,100 億元，較去年上漲 115.5%，而在 2015 年，全球的行動網路市場規模將達到 2 兆 5,392 億元，當前行動網路市場在「網際網路 +」策略的助力下預計將達到 4,000 億元。但是，目前大部分企業對於行動廣告行銷的認識還不夠全面，對於行動行銷創新能力的培養還不夠重視。

行動行銷在跨螢幕融合引發的行銷革命的影響下將會迎來一個新的爆發點，行動行銷的即時互動性以及作為「行銷 —— 交易 —— 評論」循環生態形成的關鍵點，儼然已經成為新時期行銷的必然選擇。

行動裝置被各大媒體策略代理商作為行銷的中心節點（電視、PC、戶外螢幕等被視為行動終端的延伸），透過以行

動終端為中心的多螢幕融合實現行銷推廣。

　　戴爾推出一支名為「Annie 如何飛行」的同步電視廣告，幾十萬網路用戶參與了行動終端與 PC 端的廣告互動，僅一週的時間戴爾 Inspiron 14 Plus 的銷量就上漲 30% 以上。BMW 汽車透過在社群媒體平臺上推出的試駕體驗活動，成功使 4,000 多名社群平臺用戶走進 BMW 線下銷售據點。

　　對於廣告主來說，不同行動裝置的行銷效果存在一定的差異性。就拿智慧手機與平板電腦相比，平板電腦上的實際購買率以及曝光率遠高於智慧手機，而智慧手機的品牌傳播能力則是平板電腦不能相比的。廣告主根據行銷需求，綜合多個行動裝置上的優點進行產品推廣才是取得良好行銷效果的關鍵。

　　社群媒體平臺上的行銷是「關係」與行銷的組合，「關係」的形成需要雙方在一定的時間內進行交流互動；行銷內容需要符合消費者的心理，讓其產生情感共鳴；要找到消費者內心深處的興奮點以及痛點，進行行銷內容的客製化以及訂製化生產；多平臺聯動、跨螢幕融合、循環生態的實現需要藉助企業的技術手段。

　　行動網路時代的新型用戶體驗情境，要求行銷的內容能夠以小巧精緻、富有情感體驗的情境應用完美表達，讓用戶自發地在社群媒體平臺上進行傳播。企業將極具創意的個性

內容作為與用戶之間的連線節點，使資訊流向有潛在需求的消費者，從而完成企業與廣大消費者之間的精準對接，提升行銷轉化率。

社群

互動　情境行銷　情境

內容

圖 3-6 社交情境行銷的核心

# 3.6 藉助節目建構行銷情境

## ▌打造專屬情境，建立與消費者的情感連線

　　為消費者提供一個真實可感的「情境」是提升普通產品品牌價值的重要管道，消費者在情境中所感受到的「細節真實」更容易激起其對品牌價值的認同感，從而建立消費者與產品之間的情感橋梁，為消費者帶來真實的親身體驗。

　　一個有個性特色的專屬情境對於產品宣傳來說是至關重要的，進行線上線下的聯合互動，全面推介產品賣點，使消費者可以在有需要的第一時間聯想。

# 第 4 章
# LBS 情境行銷：
# 基於即時定位的行銷模式

# 4.1 LBS 行銷的商業價值：
# 如何演繹「定位」行銷？

## ▌終端顧客價值：為消費者創造全新的情境體驗

隨著行動網路時代的到來，新的產品、服務、模式、理念等不斷湧現。其中，「LBS」絕對是受關注最多的幾個熱點之一。

LBS（Location Based Service），即基於地理位置的服務，逐漸成為行動網路時代商家競相追逐的一種新型行銷推廣模式。藉助愈加完善的行動無線通訊網路和 GPS 定位技術，商家可以準確獲取用戶的即時位置資訊，並透過行動網路入口將用戶導入平臺，為他們提供符合需要的增值服務。

早在 2009 年 3 月，美國的 Foursquare 網站就成功上線。這家基於用戶地理位置資訊的手機服務網站，在不到一年半的時間裡，用戶就突破了 300 萬，可謂發展迅速。受 Foursquare 影響，很多網際網路企業也開始在 LBS 領域布局。

### （1）LBS 興起的商業應用價值

隨著行動網路的發展以及行動智慧終端的普及，LBS 必將獲得更大的發展空間。不論對於終端用戶，還是對於商家

而言，LBS 服務都有著巨大的商業價值。

作為一種新興的位置類服務應用，LBS 給人們的生活帶來了極大的便利。特別是在行動化的碎片情境之中，LBS 應用能夠隨時隨地連線用戶與產品或服務，有效解決人們的當時當下之需，為人們創造出全新的情境體驗價值。

例如下面這樣一個比較常見的生活情境：一個人走在路上，突然感覺到疲勞口渴。他能做的只是在自己的視覺範圍內，找到一家飲品店或咖啡館，然後進去休息一下。然而，LBS 服務卻能夠帶來更多的選擇，甚至為人們創造出全新的價值體驗。

作為 LBS 的用戶，人們可以透過手機進入 LBS 的相關應用之中，搜尋以自己地理位置為中心的相關商家（咖啡館或飲品店），並享受到優惠服務。另外，LBS 用戶還可以搜尋附近的好友，或者與朋友分享自己的位置資訊，等待他們的到來。如此，LBS 應用便為用戶搭建了一種全新的情境價值體驗：在一個飲品店裡，與附近的朋友暢聊，並享受商家的優惠。

簡單來講，LBS 的終端客戶價值主要展現在兩個方面：一是為用戶提供更多的情境需求解決方案（如不同的商家選擇）；二是透過搭建新情境，為用戶創造意料之外的價值（如與朋友相聚）。

## 企業商家價值：為消費者提供精準化的行銷服務

LBS 更大的價值，還在於它為企業的行銷活動提供了十分有力的支援，使行銷活動能夠更加適應行動網路時代的市場特徵，極大地改善行銷效果。

當前，不論是國外的麥當勞、Nike、星巴克等實體企業，還是各種本土線上企業，都十分注重 LBS 的商業價值，利用其獨特的定位功能，為消費者提供更為精準的產品行銷和服務。

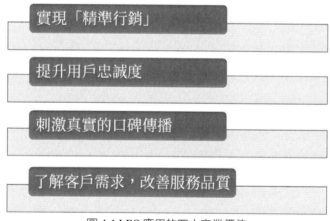

實現「精準行銷」

提升用戶忠誠度

刺激真實的口碑傳播

了解客戶需求，改善服務品質

圖 4-1 LBS 應用的四大商業價值

### (1)幫助商家實現「精準行銷」

對於商家而言，LBS 應用的最大價值，在於可以隨時定位用戶的位置，實現商家、用戶、情境的即時連線，幫助商家獲得更多的情境資訊，實現「精準行銷」。

同時，透過對用戶在應用中搜尋軌跡的收集、分析、歸納、整合，還可以獲取更多的用戶資訊，掌握用戶的生活方式、行為習慣、興趣偏好等，從而實現更為客製化的行銷推送，獲取更多的商業價值。

例如，根據對 LBS 某一用戶的搜尋資訊、簽到商家、圖片展示、位置定位等相關資訊的收集分析，能夠釐清該用戶經常出入的區域，並了解到他在飲食方面的特別偏好等。在該用戶進入 LBS 平臺或相關網頁時，就可以向他推薦相關的資訊。如此，既提升了用戶的應用體驗，又使商家的行銷活動更加精確化、客製化。

### (2)實體商家與社群網路相結合，提升用戶忠誠度

透過會員卡或打折卡的方式進行優惠讓利活動，是實體商家吸引客戶的常用手段。不過，這種模式有很大的局限性：一方面，會員卡或打折卡的寄送一般有時間上的限制，無法最大範圍地涵蓋更多消費者，也不能有效地收集整合顧客的消費資訊；另一方面，客戶在忘記攜帶這些實物類卡片時，由於無法享受到優惠活動，必然會大大降低消費體驗，導致客戶流失。

LBS 服務平臺，則可以有效地解決上述問題。LBS 應用的用戶介面，清晰地展示著用戶的簽到次數、消費資訊等各種資訊，商家一方面可以據此對用戶進行優惠讓利活動；另

一方面，還可以將現有客戶進行細化分割，針對不同的客戶群體推送更加人性化的優惠促銷和節日回饋等活動，從而建立起與客戶的強關係，增強用戶黏著度。

LBS 在廣告行銷方面有著巨大的優勢和發展潛力，也為困擾於「顧客忠誠度問題」的實體商家，提供了更為有效的解決方案。藉助與新型社交網路的結合，傳統的實體商家能夠實現更加精準化、客製化的行銷推送，為用戶帶來全新的價值體驗，從而極大地提升用戶的品牌忠誠度。

例如，2010 年 5 月，星巴克與美國知名地理資訊和微型部落格社群網站 Foursquare 合作推出了「市長獎勵計畫」，布局社群行銷領域。具體而言，Foursquare 用戶需要在網站上建立自己的社群，並在其中「登入」星巴克咖啡店。然後根據相關的統計資訊，虛擬社群將授予那些進入次數最多的用戶「市長」稱號，並獲得在星巴克購物時的一美元折扣獎勵。

### (3) 幫助商家開展真實的口碑傳播

LBS 應用還可以幫助商家實現快速口碑傳播，獲得巨大口碑紅利。例如，透過搜尋記錄、拍照上傳等功能，用戶可以將產品或服務體驗即時分享到各個社群平臺上，實現商家或品牌的口碑傳播，從而吸引更多的消費者。

仍以星巴克為例。2011 年 4 月，星巴克在全美七大城市推出了「Mobile Pour」服務。這是一款 LBS 應用軟體，用戶

只需在手機上安裝 Mobile Pour 應用，就可以隨時下單訂購自己喜歡的星巴克咖啡。而星巴克則會根據用戶的許可，對其地理位置進行定位，並讓踩著腳踏滑板車的配送員將咖啡及時送到客戶手中。為了保證速度，星巴克還在每平方英里範圍內都安排了兩名配送員。

星巴克推出的這款基於地理定位的服務 App，以其新穎、實用、迅速的特點迅速走紅，甚至被稱為「LBS 的最佳商業應用」。而星巴克也因這款 LBS 行動應用，為用戶創造了全新的產品和服務體驗，獲得了巨大的口碑紅利。

## (4) 了解顧客需求，改善服務品質

行動網路時代是一個更加「以人為本」的時代，要求商家能夠深入細緻地把握目標客戶的群體和個人特質，以便更有針對性地進行行銷推廣和產品、服務的研發改善。

例如，哪些人經常路過自己的店家，從而可以發展成潛在客戶？對於已有的客戶群體，又可以根據職業、興趣、生活習慣等細分為哪些亞群體，從而實現更有效的關係維護？如何把握客戶的客製化需求和痛點，實現更精確的資訊推送和互動式行銷？

LBS 行銷可以為商家提供這些問題的解決方案。透過深入挖掘和分析用戶的互動資訊，商家可以獲取用戶的興趣愛好、生活習慣、活動軌跡等各種資訊，從而對目標群體進行

細化分割，為客戶提供更加客製化的產品和服務，並及時獲得回饋資訊，改善客戶的產品或服務體驗。

另外，藉助 LBS 中的資訊分析，商家還可以了解到競爭對手的更多資訊，從而發現自己的不足，展開更具針對性的行銷推廣。

例如，透過 LBS 服務平臺，商家可以了解用戶常去的同行業的商家，或者比較受歡迎的產品。根據用戶對其他商家或產品的點評分享，商家就可以知道自身的不足之處，比如是產品的口味、選擇問題，還是服務方面不夠完善，或者是缺乏必要的優惠讓利措施，進而及時進行改善，更好地滿足客戶需要。

## 資源共享與互換：從簽到應用看 LBS 的核心本質

截至 2011 年 3 月，業內的 LBS 應用服務商只有 40 多家。不過近兩年，行動網路的發展和智慧手機的廣泛普及，為 LBS 提供了巨大的發展空間，相關的服務企業和產品也不斷加速成長。

在商業價值上，基於地理位置服務的 LBS 行銷，能夠隨時獲取用戶的位置情境資訊，有利於商家進行更加精準的產品或服務推送。同時，LBS 行銷是以用戶主動使用服務平臺為前提的，因此具有更強的互動性，商家能夠及時收集回饋

用戶的各種資訊，也有助於與用戶建立起強關係，實現基於
社交分享的互動式行銷。

　　因此，當前業內的很多商家已經開始在 LBS 領域進行行
銷布局，並取得了一定的成果。

### (1) 凡客簽到活動

　　2010 年 11 月 20 日到 30 日，凡客誠品與 LBS 服務網站
冒泡網，合作推出了一項名為「我是凡客」的主題簽到活動。
冒泡網用戶只要在北京的主要公車站點或地鐵站的站牌廣告
位置，登入冒泡網進行「簽到」，就有機會獲取「我是凡客」
「VANCL 韓寒」「VANCL 王珞丹」等虛擬勛章。

　　「我是凡客」簽到活動取得了巨大成功，第一天的參與用
戶數就過萬。用戶透過「簽到」的形式，將身邊「我是凡客」
的畫面上傳分享到新浪微博、人人網等社群平臺上，使線下
廣告得以線上上廣泛傳播，實現了凡客品牌的塑造推廣。據
事後統計，「我是凡客」同名影片在 VANCL 官方微博上的點
選量超過了 56 萬次，評論數也超過了 12 萬條。

　　凡客簽到的成功得益於兩個方面：一是利用虛擬勛章榮
譽系統，為用戶在行動化的碎片情境中（公交／地鐵站）創造
了新的價值體驗，從而極大地刺激了用戶的參與熱情；二是
鼓勵用戶將「我是凡客」標籤同步到微博、影片、SNS 等平臺
中（如每天從中抽取一名幸運用戶贈予凡客大禮包），充分發

揮了社會化媒體即時互動和分享傳播的特質，實現了品牌資訊的快速擴散推廣。

凡客簽到活動的實質，是利用冒泡網的 LBS 定位服務，將線下實體廣告導入線上，並充分利用 LBS 平臺的分享互動特質，讓用戶成為品牌塑造傳播的主體，從而實現了知名度的提升。

### (2) 優衣庫虛擬排隊對幸運數字的應用

在日常生活中，人們常常會看到這樣一種情境：新開張或者進行週年慶的商店門前，眾多消費者排隊等候商家的促銷折扣或節日禮品。這種促銷方式往往受到地域、時間的限制，影響力有限，也很難獲得持續的品牌影響力。而結合 LBS 服務平臺的行銷推廣，則可以有效解決線下行銷的時間、空間限制，達到最佳的行銷效果。

2010 年 12 月，日本知名服裝品牌優衣庫 (UNIQLO)，聯合人人網推出了「UNIQLO LUCKY LINE」網上排隊活動。參與者用人人網帳號進入活動頁面，選擇喜歡的卡通形象，然後就可以與其他人一起在優衣庫的虛擬店家前排隊購物，並有機會贏取 iPhone、iPad、旅遊券、特別版紀念 T 恤等獎品。

「UNIQLO LUCKY LINE」活動借鑑了在日本和臺灣的成功經驗，推出不到一週就有超過 93 萬人參與。而且，藉助參

與用戶在人人網的分享互動，優衣庫極大地擴散了品牌影響力，成功實現了粉絲累積，並有效促進了線下實體店的銷售業績提升。

其實，「UNIQLO LUCKY LINE」活動本質上是一種基於 LBS 應用平臺的創意行銷方式。商家透過極具吸引力的禮品，鼓舞用戶的參與興趣，並為用戶帶來全新的參與體驗價值。同時，透過社群平臺的互動分享，讓消費者參與到品牌塑造推廣的過程中，將傳統的單向資訊推送轉化為互動式、參與式行銷，實現了線上線下的有效融合。

### (3) 優惠券 +LBS 應對「千團大戰」

除了上面兩種模式，LBS 簽到 + 優惠券，也是商家進行 LBS 行銷時的常用手段。

例如，人人網推出的糯米糰購網，就充分利用人人網的平臺資源，推出了基於地理位置的「人人報到」簽到活動，並整合商家的優惠券資源，為用戶提供相關的優惠券業務。具體而言，用戶可以在糯米網主頁的「精品優惠券」中，選擇以地圖模式展示各種優惠資訊。用戶附近區域商家的優惠券則會顯示在地圖中，只要點開就可以獲取具體優惠內容，並進行訂購消費。

透過 LBS 簽到獲取優惠券，包括兩種形式：一種是用戶簽到後可以獲得基於自身地理位置的周邊商家的即時優惠活

動資訊；另一種則是用戶在簽到時直接獲取優惠券。

糯米網透過這種 LBS 行銷活動，在為用戶創造更多價值的同時，也為商家導入了更多的客戶，實現了商家業績的提升；同時，糯米網本身也藉此吸引到更多的優質商家入駐，從而獲得了新的利潤點。

總體來看，優惠券 +LBS 的行銷模式，透過整合各種資源，打造了行動社交電商新模式，有效平衡了用戶、平臺與商家的關係，實現了多方雙贏。

### （4）Miracle Mile Shops：誰是簽到領主？

Miracle Mile Shops 購物中心位於美國拉斯維加斯的鬧區。為了吸引更多的消費者前來購物，該購物中心與美國知名的基於地理位置的手機服務網站 Foursquare 進行合作，鼓勵來購物中心的用戶在 Foursquare 中進行簽到，並將簽到次數較多的用戶名稱字展示在大螢幕上。

Miracle Mile Shops 的這種創新，為消費者帶來了全新的購物情境體驗，不僅吸引了更多的用戶前來簽到，而且製造了新聞事件，「誰能最終勝出」也成為人們熱議的話題，極大地提升了購物中心的知名度。本質而言，Miracle Mile Shops 的這種行銷創新，是利用 LBS 這一比較新潮的網路技術和平臺，透過製造能夠引起人們興趣的話題（「誰會成為簽到領主」），實現用戶自主參與的互動式行銷，進而更有效地達成行銷目標。

　　LBS 行銷是行動網路時代的新型行銷模式，企業需要在行動網路的時代背景下，抓住該行銷模式的實質和關鍵：LBS 行銷是基於用戶地理位置情境資訊的精準化互動式行銷，更加注重用戶的參與體驗價值，其核心是資源的共享與互換。

　　具體而言，商家需要與 LBS 應用平臺合作，在平臺上提供各種優惠讓利活動，以鼓勵用戶在 LBS 服務平臺中簽到。同時，商家和服務平臺還應該為用戶創造一些消費之外的價值體驗（如虛擬榮譽勛章），以培養用戶的簽到習慣，維持用戶長久的參與興趣，保持用戶的忠誠度，並鼓勵用戶在社群平臺上進行資訊分享。

　　透過資源共享與互換，LBS 行銷實現了用戶 ── 平臺 ── 商家三者的平衡與雙贏。

◆　用戶透過 LBS 服務平臺，在行動化的碎片情境中獲得了商家優惠和更多體驗價值；

◆　平臺透過提供商家優惠和用戶分享，吸引了更多的用戶，實現了粉絲累積和資訊獲取；

◆　商家則藉助平臺用戶資訊，實現了更為精準化的情境行銷，提升了客戶的忠誠度。同時，透過用戶點評分享，商家也實現了真實的口碑傳播，並能夠針對回饋資訊，及時改善產品和服務，改善用戶的消費體驗。

不過，當前 LBS 行銷的發展還存在一些問題，主要集中於：用戶規模較小、比較零散，無法進行有效的巨量資料分析挖掘；LBS 服務平臺本身並不具備支付功能，需要商家有效協調第三方支付平臺與 LBS 應用平臺；LBS 的位置定位功能基本都是透過 GPS 定位技術實現的，容易導致位置偏差，精確度還有待提升。

雖然 LBS 行銷的發展面臨著諸多難題，不過，其互動式、體驗式的行銷特質，適應了新的市場需求和消費心理，實現了多方雙贏，因此必將成為商家在行動情境下的一種新行銷模式。

## 找尋商業價值與盈利成長點

從 2010 年開始，以 Foursquare 為代表的國外 LBS 網站開始崛起，引發了發展 LBS 的風暴。2011 年 6 月底，與 LBS 相關的公司已經發展到了 50 多家，但是在隨後的發展過程中逐漸出現了一些用戶累積困難、創新不足、缺乏清晰盈利模式等問題，這些新興 LBS 公司開始面臨發展困境。

2012 年，LBS 行業的先驅 Foursquare 成功轉型為當地生活服務平臺，其最初的簽到功能被分離出去成為名為「Swarm」的新應用，其他的 LBS 網站雖然進入了相對低迷的發展階段，但是也存在著一批「微創新」公司在 LBS 應用方面進行創新發展，有些也取得了不錯的效果。

## (1) LBS 認識偏誤

如今 LBS 應用大多只是直接搬用國外的發展模式，缺乏一定的創新性，其應用僅限於「簽到」這一層面，無法對用戶形成長時間的吸引，一旦用戶最初的新鮮感消失，用戶流量就會開始大規模減少。在這背後的最深層次的原因在於新興 LBS 應用平臺將 LBS 作為一種模式來運作，但是 LBS 的實質卻只是一種功能。

這種對 LBS 本質的認識不足，將 LBS 的從業者限定在用 LBS 的功能去累積用戶，從而獲得 LBS 的價值變現，其實對於大部分的網路用戶而言，最受青睞的還是那些能夠直接幫助自己解決實際問題或者是帶來一定利益的應用。火爆的電子郵件與通訊軟體解決了用戶在網際網路時代所需要的用戶溝通問題，而作為新秀的臉書等解決了行動網路時代的社交問題，從這個層面上來說，巨量的用戶累積成為一種必然。

無法解決用戶所面臨的問題或者為用戶帶來一定利益的 LBS 應用，注定很難有所發展，其價值變現之路也注定要走向失敗。因此，當下的 LBS 公司應該思考的是如何使 LBS 的應用突破這種思維的局限，將 LBS 定位在一個最基本的服務功能上，將其作為某種產品的一項功能嫁接進去，如此 LBS 的應用才能有較高的商業價值。

## (2) 正確的 LBS 發展之路

　　當前的市場環境下，LBS 的發展應該定位成能解決用戶的實際問題，或者是為用戶創造一定的價值，將 LBS 作為某種應用的一種功能，並且透過對應用的功能創新使其具備較強的黏著度，從而累積大量的用戶，讓用戶能夠自發地傳遞品牌文化。如此，便可累積巨量用戶，從而為價值變現提供一定的基礎。

# 4.2 LBS 情境行銷模式：
# 智慧化、客製化與情境化

## LBS 情境行銷：智慧化 + 客製化 + 情境化

正如科技業巨頭所說：大家還未掌握 PC 時代時，出現了行動網路；沒搞清楚行動網路時，就迎來了巨量資料時代。如今 LBS 技術的廣泛應用使得本土化生活服務已經成為商家進行產品行銷的必爭之地，與我們生活相關的各式各樣的資訊資訊開始被各大商家收集起來，成為運用巨量資料分析挖掘消費者潛在需求的重要資訊。當我們的即時需求能夠被商家分析、預測，不僅能使我們的生活水準得到提升，還會為企業創造巨大的價值。

手機地圖在人們的生活中逐漸普及後，與地理位置相關的行動應用開發開始變得火熱，尤其是當下電商、外出、導航以及各種本土化生活服務產業的蓬勃發展，使得位置服務開始與更多的行業實現深層次融合，再加上龐大的智慧手機用戶市場，位置服務成為一個存在巨大價值的新興產業。

當下 GPS 服務功能已經成為智慧手機的主流配置，透過這種功能，商家可以收集到用戶每一天的行為軌跡，消費者

經常出現的商店、酒吧、電影院、餐廳等詳細資訊清晰地展現在商家面前，為商家的行銷推廣提供參考資訊，從而在與同行業的競爭中處於優勢地位。

智慧手機與 LBS 的結合使得人們的生活發生了巨大的改變，如果將線下的店面比作網際網路中的一個個網站，那麼人們在現實中的所有活動就成為網際網路中的流量，人們在不同線下店面的購物行為則成為用戶流量，從一個網站跳轉至其他的網站。商業環境以及商業邏輯的變化使得企業的傳統行銷模式面臨轉型。

LBS 最初只是一項「簽到」服務功能，2014 年被臉書收購的 Foursquare 就是靠這一服務發展起來的。隨後便是地理位置與社交功能的結合。

如今基於地理位置的本土化生活服務成為一大熱門。與地理位置相關的生活電商將會是今後發展的重點方向，各家電商大廠已經開始進軍這一領域。

LBS 與擁有龐大用戶流量的社交網站的結合，是其獲得潛在消費者的重要基礎，而電商的加入無疑為 LBS 實現價值變現提供了清晰明確的發展方向。由於行動網路時代消費者的消費行為與需求心理的改變，未來的 LBS 應用將會朝著客製化以及智慧化的方向不斷發展，發掘出人們的潛在需求，透過技術突破與最佳化資源配置盡可能地滿足消費者的需求。

　　LBS 在行動支付、巨量資料處理、地理圍欄（Geo-fenc-ing）技術出現後有了更為廣闊的應用情境。行動支付與 LBS 技術的結合將改善 O2O 產業鏈的上下游資源配置，重塑產業結構。巨量資料分析技術有了 LBS 技術的助力，將會幫助商家生產滿足消費者需求的客製化以及訂製化產品，並調整企業區域資源，向需求更大的區域調配更多的資源。

　　地理圍欄（Geo-fencing）技術的原理是用一個虛擬的圍欄產生一個虛擬邊界，解決了 LBS 定位技術在室內無法做到全面涵蓋的問題，當用戶在邊界內活動，或者是進入、離開邊界時就會收到系統寄送的通知。地理圍欄作為一種 LBS 的全新應用將會幫助商家實現基於地理位置的智慧行銷推廣與用戶資訊管理，而且投入成本相對較低。

　　2014 年春節期間，一種基於 LBS 巨量資料應用的旅遊區熱力圖產品成為業界焦點，用戶用這一產品可以了解各大旅遊景點的客流量，從而調整自己的旅遊計畫。春節期間大量人口的流動，而如今人們外出旅遊已經和手機緊密連繫起來，透過對人們手機的即時定位，可以了解手機用戶的遷移軌跡，從而由系統生成一張動態變化的熱力圖。

　　用戶點選圖片上的每一個點，都可以檢視到該區域在最近幾個小時內的人口進入、遷出的詳細資訊，而且透過巨量資料分析後所得出的結果十分精準，這在以前看來是根本不可能實現的，這種實現巨量資料視覺化的產品在未來的企業

行銷中將會有廣闊的應用前景。

　　透過 LBS 技術的應用，能夠合理改善資源配置，調整上下游產業結構，順應客製化和智慧化的社會發展趨勢。將行動 LBS 應用中的人、位置、商品、行動裝置幾個要素直接進行連線，不同的組合方式對於企業來說可能就是一個完全不同的行銷模式，可結合企業的特點採用最適合自己的行銷模式，從而滿足消費者的客製化追求，使 LBS 的智慧化惠及人們生活的各個領域。

## LBS 情境行銷模式的三大應用領域

　　當前，行動網路逐漸成為一種新「基礎設施」，這為 LBS 服務的發展提供了廣闊空間和有利條件。

圖 4-2 LBS 情境行銷模式的三大應用領域

## （1）LBS+ 生活資訊服務

在行動網路時代，用戶成為資訊內容的創作者和主要傳播者，這為商家實現更有效的口碑傳播提供了便利。具體而言，透過 LBS 服務平臺，客戶可以把自己在餐廳、理髮店、KTV 等生活娛樂情境中的體驗，即時上傳分享到社群平臺上，並對相關的產品或服務進行點評。

這種基於消費者分享評價的資訊，能夠實現最大的口碑傳播。因為用戶的每一次分享和點評，都可以看作是一句口碑。而且對於其他客戶而言，這種分享和點評也更具可信性。另一方面，透過瀏覽 LBS 平臺中的商家資訊和客戶點評，用戶也有了更多的參考資訊，從而可以找到更加符合自己需要的商家或產品。

當前，很多商家已經意識到 LBS 在行銷推廣中的重要價值。這些商家開始與 LBS 應用平臺進行合作，開展針對用戶的簽到優惠、禮品獎勵等行銷活動，並針對用戶痛點，提供優質產品和服務，以樹立良好的品牌形象，吸引更多的消費者，獲取更大的商業價值。

## （2）LBS+ 物流貨運車輛管理

物流的貨運車輛管理，也將成為 LBS 的主要應用情境。除了要完善物流體系以外，當前的物流貨運業務，主要是透過增加人力來達成速度目標，這大大增加了物流的營運成

本，也無法滿足快速發展的電商市場需求。

　　另一方面，在物流運輸過程中，宅配公司無法為客戶提供即時的和歷史的資訊查詢，也不能及時對相關問題進行處理和回饋，這嚴重影響了客戶的消費體驗，也必然導致客戶的流失。

　　LBS 服務應用的發展，可以在某種程度上解決當前物流營運的難題，特別是實現對貨運車輛的有效整合和高效管理。具體而言，宅配公司可以研發一款多功能的 App，並與配送員身上的智慧終端相連線，實現 App 上的取件預約、送件提醒、就近配送和取件等服務。

　　一方面，透過這種 App，可以為客戶提供訂單的即時查詢，讓貨物的物流資訊（地理位置、準確送達時間等）更加公開透明，從而改善物流體驗，提升客戶的滿意度。

　　另一方面，宅配公司也能夠透過即時定位功能，最佳化整合各種物流資源（車輛、人力等），有效避免資源的閒置浪費，從而節約營運成本，提高物流效率。比如，杜絕司機的公車私用和虛報油費等行為；及時呼叫最近的車輛進行貨物卸貨和裝運，提高車輛使用效率；根據定位資訊合理規劃行車路線等等。

## (3) LBS+ 飯店預訂

　　當前業內的飯店仍然以「守株待兔」的傳統經營模式為

主，即提前預訂或等客上門的方式。顯然，這種模式缺乏與消費者的有效溝通互動，消費者既不知道飯店的即時情況，如房間數量、房價標準、優惠活動、周邊配套設施等，飯店也對目標客戶的情況一無所知，無法進行更加精準的行銷推送。

而基於位置服務的 LBS 行銷模式，則可以實現商家與消費者的有效互動，使飯店與目標客戶建立起相互信任的強關係，實現全新的情境價值創造和收益獲取。

比如，飯店可以在合作的 LBS 服務平臺上，經常推出一些限時簽到獎勵、邀請好友簽到團購等優惠讓利活動，以此吸引更多的潛在客戶，提升客戶體驗。當用戶登入 LBS 平臺後，可以隨時查詢飯店的房間、價格、活動等各種相關資訊。

## 位置開放：當地生活服務的精準行銷之路

LBS（Location Based Service）的側重點在「service」，即服務。當這種服務延伸至外出、社交、娛樂、餐飲等生活的各方面時，LBS 在行銷中的應用必然成為企業急需掌握的關鍵點。企業看好的是 LBS 市場的廣闊發展前景，而消費者則更加希望 LBS 的發展能給他們帶來更加富有個性和實用的商品。

最近幾年，業內的幾家網際網路大廠企業先後提出開放平臺策略以及 API 介面，在巨量資料分析技術的推動下 LBS 在行動網路的相關產品中得到廣泛應用。行動網路時代是一個開放的時代，更是一個共享的時代，開放性的平臺將是 LBS 產品發展的必然結果。

一個開放的平臺其核心元素就是那些由廣大用戶群體組成的開發者，未來平臺之間的開發者之爭將會愈演愈烈。如今開發者在平臺上可以享受到更為便捷的服務，之前的許多封閉技術現在已經陸續開放，開發者可以在平臺上完成整個應用的開發。

讓開發者高效快捷地在自己的平臺上開發出 LBS 應用，成為網際網路企業大廠進行 LBS 策略布局的重點，相對於開發 App 來說，顯然藉助開放平臺使開發者開發應用投入的成本更低、效果更佳。

LBS 將會成為未來行動網路組成的重要部分。相對於已經比較成熟的先進國家的 LBS 產業來說，企業目前應該和廣大的社群媒體、團購平臺、電商企業進行深度合作，提升服務水準，進而提升用戶黏著度，建構出綜合的 LBS 服務平臺。在開發、共享的平臺上，各大商家與開發者應攜手努力將 LBS 產業餅做大，逐漸延伸 LBS 應用的深度與廣度，比如近幾年逐漸興起的搜尋引擎以及 App Store 就是典型的代表。

　　LBS 的應用必然會引起傳統行銷模式與現有市場需求之間的矛盾，尤其是如今 LBS 應用與本土化生活服務領域的深入結合，已讓商家、平臺、用戶之間成為一個連繫密切的整體，加入 LBS 服務的應用已經成為企業實現更加高效、精準行銷的重要通路。一場由 LBS 引發的行銷革命已經悄然開啟。

# 4.3 QR Code 行銷：
# 智慧手機時代的行銷模式創新

## QR Code 的十八種商業化情境應用

近幾年興起的 QR Code 如今已經成為生活中隨處可見的事物，在商業活動中也已成為一種重要的連線消費者與商家的工具，有了 QR Code 的參與，行動網路時代的商業活動顯得更為完整。而隨著情境消費模式的崛起，QR Code 的商業化情境應用成為一個重要的命題。

QR Code 在資訊內容的豐富度上具有極大優勢，在一些先進國家，尤其是日本與韓國，QR Code 應用已經得到普及，應用率達到了 96% 以上。QR Code 商業化在 2006 年已經出現，只是由於當時智慧手機等硬體裝置沒有普及，缺乏實現 QR Code 商業化的有效載體。到了 2012 年，QR Code 應用開始大規模成長，當下的 QR Code 月均掃描量已經達到幾億次，各大商家開始布局 QR Code 產業。

一般說來，QR Code 的應用主要包括主動讀取與被動讀取兩種形式，前者主要是指有 QR Code 掃描功能的手機等行動終端解讀各種載體上的 QR Code，其廣泛應用於產品防

偽、執法人員檢查等領域；後者主要是指將手機等儲存的 QR Code 作為線上交易與支付的憑證，廣泛應用於電商活動。下面列舉了一些 QR Code 應用的商業化情境，對行動網路時代的企業具有一定的參考價值。

## (1) 網上購物，一掃即得

消費者看到自己喜歡的商品可直接掃描，並在手機上完成支付，等待宅配人員送貨上門。對於一些喜歡宅在家裡的消費者來說，拿起所需商品的包裝袋，對著 QR Code 直接掃描即可跳轉至商品資訊介面，商品的規格資料、打折資訊會清晰地展示在消費者的面前，接著按照手機購物流程即可完成交易。

QR Code 掃描購物具有規避風險、保障購物安全的優勢。產品的 QR Code 作為一種產品身分證明，可以保證產品的真實可靠性。QR Code 與 O2O 的結合，使得線下實體店面成為線上購物的產品體驗店，以往要在商業中心承擔高額租金的線下店面，現在可以選擇建在方便消費者體驗的公車站、住宅區附近。

## (2) 消費打折，有碼為證

QR Code 掃描的優惠打折活動成為商業活動中採用的最常見的方式，商家可以將電子優惠券用簡訊、Line 等寄送到用戶的手機上，消費者購物時只需要向商家展示 QR Code，

商家透過掃描裝置上的 QR Code 即可達成優惠。

### (3) QR Code 付款，簡單便捷

星巴克咖啡的消費者將預付卡與手機直接連結，透過掃描 QR Code 直接支付，免除了排隊付款的煩惱。

### (4) 資訊閱讀，實現延伸

如今的報紙、雜誌市場開始萎縮，因為媒體本身的特性只能承載靜態的內容，無法做到延伸閱讀。QR Code 的出現可以打破這一限制，使跨媒體閱讀成為可能。雜誌中可以新增 QR Code，讓消費者掃描後獲得更為豐富的內容，比如相關的影像資訊等。

### (5) QR Code 管理生產，品質監控有保障

QR Code 在製造業也獲得了廣泛應用，QR Code 所能儲存的大量資訊使產品的設計製造過程得到了最佳化。

比如，現在美國的汽車製造行業中，在針式打標槍、雷射打標槍、噴碼槍等製作的直接零部件上標刻 QR Code（DPM QR Code）已經得到廣泛應用，美國的汽車製造業協會為此制定了一系列的標準，發動機、凸輪軸、變速箱、離合器、安全氣囊等皆有相關的標準。

QR Code 的應用使得汽車的生產加工品質可以被即時監測，從靜態的生產線變為動態的柔性生產線，並使同時生產

多種產品成為可能，生產過程的相關資訊也成為產品製造執行系統可以充分利用的重要資訊。

## (6) 食品採用 QR Code 溯源，吃得放心

食品的生產、運輸、銷售等各個流程的相關資訊都已儲存在 QR Code 中，消費者用手機掃描 QR Code 可以了解食品從生產到銷售整個過程的詳細資訊，讓消費者放心購物。

## (7) QR Code 電子票務，實現驗票、調控一體化

演唱會門票上印上 QR Code 已經成為普遍現象，由此可以推廣至旅遊景點門票、車票、電影門票、飛機票等，門票的 QR Code 電子化時代已經開啟。用戶只需要在網上購票後保留商家寄送的 QR Code 電子票，在進入場地時透過管理人員的掃描終端對電子票進行驗證，即可完成驗票流程，不僅節省了人力投入，而且效率得到大幅度提升。

某些旅遊景點已經開始推行由購票軟體推出的 QR Code 電子門票，相關旅遊景點售出的門票必須在當天完成啟用才能向遊客售賣，這種門票的即時啟用機制將會幫助景點有效控制遊客人數。

## (8) 證照應用 QR Code，有利於防偽防盜版

日本、韓國的個人名片中 QR Code 應用十分普遍，傳統的名片不易攜帶、儲存，如果在名片上印上 QR Code，只需

要讓客戶掃描一下 QR Code，便可將自己的連繫資訊儲存到客戶的手機中，客戶想要連繫時直接撥打電話或者寄送電子郵件即可，不用再去翻找大量的名片。

### (9) 會議簽到 QR Code，簡單高效低成本

時下一些大型會議時常會有上千名的來賓，簽到流程繁瑣，耗時較長，而且與會人員的身分確認也存在一定的漏洞，採用 QR Code 掃描簽到，主辦方可以直接掃描先前寄送給受邀者的電子 QR Code，省去了傳統的簽字確認、資訊整理等耗費人力與時間的流程，降低了資本投入，提升了效率。

### (10) 防偽隱形 QR Code，無法輕易複製

1990 年代，具有高度保密性的雷射打標防偽技術迅速崛起。如今印刷技術的快速發展使得隱形 QR Code 得到一定程度的普及，國外已經開始將隱形 QR Code 應用到玻璃、塑膠、紙質產品等領域，這種隱形 QR Code 的優勢在於肉眼無法觀察到其存在，只有用相關的紅外雷射檢測才可掃描驗證。

這種技術相對複雜，具有高度防偽性，造假者很難進行複製。商家可利用專業的紅外雷射掃描器結合智慧手機 QR Code 掃描技術完成驗證流程。對於一些安全性要求較高的重要資訊，比如公司的招標資訊、用戶資訊、軍事機密、政治檔案等，完全可以透過這種安全係數極高的方式進行加密。

## (11) 高階商品用 QR Code 互動行銷，有助於打擊山寨

國際著名的紐西蘭南極星葡萄酒，將 QR Code 掃描技術成功運用到了葡萄酒行業，消費者只需要對產品背標上的 QR Code 進行掃描即可獲得相關產品的詳細資訊連結，包括產品的產地、年代、原料品項、產品介紹等資訊。

這樣消費者在選購葡萄酒時就有足夠的參考資訊，有助於消費者真正獲得所需的產品，有利於企業向消費者傳遞品牌文化，增強互動行銷，打擊不法分子的山寨行為。

## (12) 傳情達意，QR Code 引領傳情 style

2012 年，某大學的一個男生透過一個手繪 QR Code 明信片向女友傳達愛意，成為 QR Code 傳遞感情的經典之作。其實，QR Code 的手工製作並不困難，利用一些軟體的資訊生成 QR Code，再將生成的 QR Code 圖片放大後列印，便可手工繪製在相關的載體上。

藉助 QR Code 傳達感情不僅有科技含量，而且能給對方驚喜，相比直接的文字表達更易打動對方。如今一些咖啡店、酒吧等場所的飲料杯上新增的 QR Code，還能讓消費者直接下載動聽的音樂。

## (13) QR Code 點餐，客製化客戶服務到家了

在 QR Code 廣泛應用的時代，餐廳消費者可以獲得更為客製化的訂製服務。消費者可以直接用手機終端掃描選單

上的 QR Code，直接將點餐資訊傳送到餐廳的櫃檯，能夠節省大量時間；也可以用餐廳的掃描終端掃描手機上的 QR Code，實現自助點餐，並獲取其他顧客對各種料理的評價資訊。

另外，還能獲得優惠資訊，餐廳的服務系統將直接將你的電子優惠券以及 VIP 打折優惠計入交易金額中。消費者用餐之後，可以掃描餐廳的 QR Code 對餐廳的服務進行評價，並累計消費積分。

### （14）QR Code 進入醫院，掛號、候診、就醫一條龍

如今的求醫者都會面臨掛號排隊的困擾，藉助 QR Code 患者可以直接在手機終端上完成預約掛號，在預約時間拿著儲存 QR Code 的手機直接去醫院的掛號處取號，有效避免了掛號排隊、候診等大量的時間浪費。

QR Code 服務應用到看病、支付等相關流程後，可以實現掛號、就診、支付、取藥等一系列服務，減少了患者重複排隊的時間；而且患者可以透過掃描 QR Code 對醫院的各項服務進行評價，增進醫患雙方的交流溝通，避免不必要的衝突。如今各大醫院的條碼應用範圍十分普遍，患者直接掃描列印，就能領取各項檢查結果。

## QR Code 在企業中的五種情境應用

　　QR Code 行銷之所以能受到眾多消費者的歡迎，除了可以為消費者的購物提供更多便捷之外，還能夠為消費者提供一個生動有趣的互動環境。

　　曾經有人針對商家與消費者的互動問題做過一項調查，結果發現有 69% 的消費者希望能夠與商家進行良好互動，這也為商家提供了一個重要的培養客戶的機會。現在，很多推行 QR Code 行銷的企業都開始認識並重視這一點。

　　在 Line 行銷中，用戶只要掃描企業的 Line QR Code 或者新增企業的好友就可以關注企業，並與企業進行互動溝通。透過對企業的關注可以更好地了解企業文化及品牌特色，同時可以在新產品上線後第一時間就獲知產品資訊，從而以最快速度入手自己喜歡的產品。

　　而 QR Code 行銷與 Line 行銷存在很多相似的地方，QR Code 行銷中也存在互動的空間，用戶只要掃描 QR Code 就可以直接進入產品頁面了解和購買產品，而有時候客戶會進入企業的網站瀏覽，之後再購物。因此企業就可以在這一過程中創造互動的機會，透過互動提升客戶的滿意度，並提高用戶對品牌或產品的忠誠度。

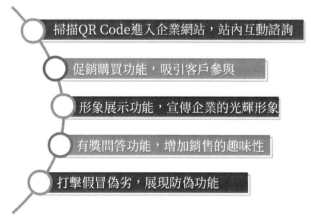

掃描QR Code進入企業網站，站內互動諮詢

促銷購買功能，吸引客戶參與

形象展示功能，宣傳企業的光輝形象

有獎問答功能，增加銷售的趣味性

打擊假冒偽劣，展現防偽功能

圖 4-3 QR Code 在企業中的五種情境應用

## (1) 掃描 QR Code 進入企業網站，站內互動諮詢

QR Code 是一個容量比較大的網路儲存器，因此企業可以將產品及企業資訊都儲存在 QR Code 中，消費者只要在手機中安裝一個掃描 App 就可以透過掃描進入企業網站，而企業可以透過網站與消費者進行交流互動，在了解消費者需求的基礎上，在網站上釋出一些消費者感興趣的內容。

某汽車品牌意識到 QR Code 的功能較早，緊跟時尚潮流，在行銷中使用了 QR Code。在各大報紙及雜誌上都放上了 QR Code 的推廣圖片，客戶只要掃描 QR Code 就可以直接進入公司網站，當客戶遇到各種產品問題時都可以透過官網與客服進行線上溝通，而客服也會給予及時回應。在官方網站中還有 Line 官方 QR Code，客戶透過掃描就可以關注公司

的官方訊息，與企業進行一對一互動，同時了解企業的最新動態。

很多企業在開展行銷工作時為了吸引更多消費者的關注和參與，通常會絞盡腦汁地想辦法，比如進行問卷調查、為消費者提供諮詢服務等，而隨著 QR Code 行銷的盛行，這些原始的互動方式已經不能適應時代的發展，取而代之的是利用網路與消費者進行互動，因此企業只要充分利用網路即可。QR Code 同樣在汽車行業也流行開來，典型的代表就是日本的三菱汽車公司。

三菱汽車公司開創了一種 QR Code 互動模式，三菱將自己的 QR Code 刊登在眾多廣告上，消費者只要用手機掃描 QR Code 就可以透過手機觀看三菱的廣告影片以及廣告的拍攝過程，可以更生動、直觀地了解三菱汽車的產品。

此外，為了加強與消費者之間的連繫，三菱汽車公司還專門設定了一個與消費者進行互動的流程，比如舉辦線上抽獎活動，為客戶送大獎。透過這樣的互動方式不僅可以抓住消費者的眼球，吸引他們去掃描 QR Code，同時也可以提升三菱汽車品牌的影響力。

互動式行銷是企業 QR Code 行銷服務的重要展現，同時也是新時代一個重要的行銷潮流，如果企業不能順應這一趨勢和潮流，做好互動式行銷，就可能會在 QR Code 行銷競爭

中失去優勢。如果不能讓客戶滿意，他們就不會選擇長期支持企業。

QR Code 作為一個網路儲存器，除了儲存產品、文字、圖片、影片、網址之外，還擁有很多其他功能，比如可以與消費者進行互動、可以獲取消費者的位置資訊、可以鎖定產品的類別等，QR Code 的使用不僅為消費者帶來了極大的便利，同時也為企業提供了一種更加客製化的行銷策略。

QR Code 行銷的快速發展已經引起眾多企業和商家的注意，許多以線下行銷為主的企業，紛紛轉型做起了 QR Code 行銷。QR Code 行銷之所以受到如此大歡迎，與其自身優勢有著密不可分的關係。

除此之外，QR Code 行銷還能提供資訊諮詢、有獎問答等功能，從而為商家創造更多的發展機會。

如今，QR Code 行銷已經將業務觸角伸向了房地產、餐飲、旅遊、汽車等行業，還有更多的行業正在努力朝著這個方向轉型，或許在不久的將來，QR Code 行銷將擁有一個龐大的群體。

### (2)促銷購買功能，吸引客戶參與

促銷購買也是 QR Code 的功能之一，因此企業在使用 QR Code 行銷中也可以增加一些促銷活動，從而吸引消費者關注，提高產品的曝光率。

### (3) 形象展示功能，宣傳企業的光輝形象

QR Code 對於企業形象的展示和宣傳也具有重要意義，因此企業的動態、成果、圖片、獎項等都被納入了 QR Code 中。這樣消費者在掃描 QR Code 後不僅可以獲得相關的產品資訊，同時也可以了解企業的知名度及信用程度，有利於企業品牌形象的塑造和提升。

### (4) 有獎問答功能，增加銷售的趣味性

很多企業在展開線下行銷的時候會採取有趣的形式來吸引消費者關注和參與，有獎問答就是其中一種。透過有獎問答中問題的設定，不僅可以讓消費者更好地了解企業，同時也有利於塑造企業的品牌形象。在 QR Code 行銷中，有獎問答同樣具有這一功能。

比如有一家商場在 2013 年國慶期間推出了掃描 QR Code 參與有獎問答的活動，參與者即有機會贏取「iPhone 5S」。商場透過這一活動吸引了大量的消費者，同時也籠絡了更多的會員，提高了商場的名氣。

### (5) 打擊假冒偽劣，展現防偽功能

對於一些知名品牌來說，假冒偽劣產品的猖狂不僅會損害消費者的權益，也會對品牌形象形成惡劣的影響。因此抵制假貨對於知名品牌來說是一項重要的任務，而如今使用 QR Code 也可以對產品進行防偽查詢。

## 實體店如何藉助 QR Code 進行情境行銷？

隨著行動網路在人們生活中的深入滲透，手機掃描 QR Code 已經逐漸成為一種時尚，購物掃、吃飯掃、抽獎掃……QR Code 在我們的生活中扮演著越來越重要的角色，而 O2O 模式的盛行更是將 QR Code 的應用推向了一個新高度。許多傳統的線下零售店也開始使用 QR Code 開展行銷工作。

QR Code 由一些不規則的黑白相間的圖形組成，用來記錄資訊符號。這種看似沒有任何意義的圖形對傳統零售店的行銷卻發揮了重要的作用，帶來了意想不到的行銷效果。因此在市場競爭日益殘酷的商業環境中，我們應該對 QR Code 行銷有一個更深入的認識和了解，以便更好地發揮其行銷功能，為店面營運創造更大的價值。

**價值一**

· QR Code可以有效解決店面產品展示不足的問題

**價值二**

· QR Code可以有效解決店面人員不足的問題

圖 4-4 QR Code 對傳統零售店的兩大價值

## （1）QR Code 可以有效解決店面產品展示不足的問題

實體店面只有處在繁華的地段才能吸引更多的客流量，但是城市的繁華地段往往是寸土寸金，這樣一來實體店就常常會遇到因店面面積太小而導致的產品不能完全展示的問題。如果消費者到店消費時找不到自己想要的商品很可能就會去另一家店，而商家就會失去一個交易機會。

如果在店面中使用 QR Code，就可以在一定程度上解決產品展示不足的問題，比如當消費者在實體店中找不到自己想要的商品的時候，可以讓其透過掃描 QR Code 了解店中未展示的商品，並可以在商品展示頁中了解商品更詳細的資訊，包括商品的尺寸型號、功能、使用方法等，同時也可以瀏覽其他消費者對商品的相關評論。

有一點需要注意的是，不要在消費者剛進門的時候就讓他們拿出手機去掃描 QR Code，這樣容易導致消費者的反感。當消費者在店內找不到自己滿意的商品時，店員再引導其透過掃描 QR Code 了解店內更多的商品，從而增加消費者在店內逗留的時間，並在這一時間段裡透過更詳細的商品介紹促成交易。

## （2）QR Code 可以有效解決店面人員不足的問題

週末和節假日是促銷的好時機，但是很多傳統零售店卻常常會遇到人手不足的問題，客人一多就忙不過來，還經常

會因為人手不足不能照顧到所有客戶而導致客戶流失。雖然顧客的流失是在所難免的，但是時間一長，因為對顧客照顧不周而導致的顧客流失就會對店面口碑帶來不良影響，進而影響實體店的產品銷售。

面對這一問題，QR Code 可以發揮相應的效用。如果將 QR Code 應用到店面的管理中，就可以有效提高工作效率。實體店經營過程中的很多流程只需要一個簡單的掃描驗證就可以完成。當消費者排隊等在店家外，櫃檯有好幾個店員正在用本子記著顧客的名字以及預約號的時候，不妨設想一下：如果這時用 QR Code 排隊，那麼就可以為顧客省去等待的麻煩，同時還可以解決因長時間等待而發生的各種矛盾和問題。

收銀流程同樣也可以應用 QR Code，通常在超市的收銀臺我們會看到各種 POS 機和大小收錢抽屜，而如果使用 QR Code 付款，不僅可以提高效率，同時也可以省去找零的麻煩，提升客戶體驗。或許在剛開始應用的時候許多顧客並不習慣使用掃描支付，但是時間一長，便捷的支付方式將會被越來越多的人接受。

但是在現實中，商家卻很少將 QR Code 應用在這些方面，更多的是應用在廣告以及行銷方面，比如，有時候外出就餐就會看到桌子上有 QR Code。因此，商家應該將 QR Code 的應用重點轉移到支付等流程上，以降低人力成本，提升工作效率，提升客戶的消費體驗。

### (3)店面 QR Code 使用的網路環境

　　現在一般的店面或消費場所，都有無線 Wi-Fi。隨著網路的盛行，越來越多的零售店面已經開始朝著 O2O 方向轉型，而免費的 Wi-Fi 上網更是線下實體店行銷宣傳的一個特色。很多顧客消費的時候也會將是否提供免費的上網環境作為一個考慮因素。

　　實際上，創造免費的網路環境不僅可以吸引顧客，增加顧客在店內的停留時間，同時商家也可以透過路由器獲知連線的用戶資訊，並透過對資訊資訊的分析為店面的經營決策提供重要的參考。

　　既然要在實體店中推行 QR Code，就應該創造一個 QR Code 的使用環境。首先應該保證手機上網訊號穩定，有的實體店因為環境基站等原因，行動上網會很不穩定，因此實體店自己創造一個免費的 Wi-Fi 上網環境就顯得非常必要了。而且，免費的 Wi-Fi 除了可以滿足掃描需求外，也可以讓顧客在掃描之後瀏覽與店面相關的資訊服務。

　　綜上所述，在實體店中推行 QR Code 行銷可以有效解決產品展示不足、人手不足等問題，提高營運效率。此外，店面 QR Code 行銷除了應用在行銷促銷流程之外，還應該從顧客以及賣家自身的需求出發，將 QR Code 應用在能夠幫助顧客以及賣家的需求痛點上，從而充分發揮 QR Code 的使用價值。

# 第 5 章
## O2O 情境行銷：
## 碎片化情境下的新型商業模式

# 5.1 情境 O2O 實戰：
# 線上虛擬情境與線下消費情境的連結

## O2O 行銷情境的建構

無論什麼樣的商業模式，只有在該模式的實踐下能提高商品銷售量，這種模式才是可靠的。

可以預測的是，接下來，傳統媒介會尋求與新媒介的不斷融合。用戶參與手機 App 的紅包分享活動，不僅能夠搶紅包，還能提前知曉活動節目，也能與參與節目的明星在平臺上溝通交流。這樣的行銷模式，改變了之前的單向傳播，提高了用戶的參與度與活躍性。

我們來分析一下具體舉例。某電商在 2015 年新年第一天向用戶提供了 1,000 萬張優惠禮券，其價值約為 10 億。該活動大大提高了銷售量，其線上瀏覽人數比平常提高兩倍，客戶的訂單量更是平常的四倍，這個規模與每年雙 11 大型優惠活動的銷售量差不多。

再以另一家電商為例，該商家在這一天也推出了大規模的平臺派發禮券活動，線下訂單量在 4,000 筆以上。

可以看出，無論是哪者，他們透過聯手通訊軟體平臺送出優惠禮券的活動都收到了不錯的效果，而這只是 O2O 模式運用通訊軟體平臺價值的一個展現。通訊軟體能夠獲知用戶的準確位置，參與通訊軟體紅包的用戶可以在活動中與經營方交流互動，這種情境行銷有助於拓展平臺的應用價值，獲得更長遠的發展。

這樣的行銷方式也十分受消費者青睞，雖然透過發送優惠券促銷的方法比較普遍，好像沒有什麼獨到之處，但活動與社群平臺相結合就比較新穎了。通訊軟體平臺的基礎功能是社交，這種功能與紅包結合吸引了眾多消費者的目光。對商家而言，送出優惠券新增了娛樂與視覺因素，大大增強了行銷效果，雙方都能從中受益。

分析這類通訊軟體平臺在優惠券送出等方面的應用，可以彙整出，這類通訊軟體正在向大眾消費領域進軍。與此同時，只要留心觀察，不難看出它們在現實生活中的應用越來越廣泛。顧客在進入某家餐廳時，櫃檯會提示，只要用手機掃一下店裡的 QR Code，就能獲得一小瓶飲料或是優惠活動，這樣一個簡單的應用便是情境行銷的展現。除此之外，這種行銷模式隨處可見，無論是用餐、叫車、娛樂、購物都會涉及類似應用。

按照現在的進展，通訊軟體平臺正在致力於建構情境行銷生態體系，其應用已經涉及我們生活的各方面。其增設的

支付功能，更加方便了日常購物與其他經濟應用。另外，專門的電子支付軟體等商家也已經開始布局情境行銷系統建構。

## 情境行銷在 O2O 模式中的兩大優勢

情境行銷究竟有什麼優勢，能夠引得網路大廠紛紛矚目？

圖 5-1 情境行銷在 O2O 模式中的兩大優勢

### (1)逐漸培養用戶的行為習慣

情境離不開身處其中的用戶，用戶在情境中能夠認清自己的位置，將行為轉化成具體的產品。

### (2)擴大行銷範圍

情境行銷因能滿足用戶需求而吸引其不斷參與，例如透過通訊軟體分送紅包，能夠引來眾多用戶關注，用戶不僅從他人那裡搶紅包，也為好友發送紅包；得到的禮券，除了可以自己使用，還能發給好友。可以看出，情境行銷確實能夠擴大行銷範圍，提高影響力。

　　當然，情境行銷的前提是情境的建構，行銷情境不局限於線下，也不用特定某個地點或周邊事物的存在。消費者在應用某種產品或服務時會產生什麼樣的需要才是經營者應當關注的，如果在用戶並不需要的情況下為其提供，就沒有真正把握情境行銷的技巧，用戶還可能因此產生排斥心理。

　　網路平臺與線下店家的結合是 O2O 情境行銷中比較關鍵的一部分。怎樣才能將情境恰到好處地運用到行銷中，提高用戶的參與度呢？

　　如果是按照傳統的廣告宣傳方式，在街頭拉橫幅廣告，那麼經過廣告的大眾要麼被觸動，要麼完全拋之腦後。情境化行銷應該做到有多少用戶打電話詢問產品資訊，企業就有多少訂單量。但情境化實現後還應該關注怎樣改變商品資訊單向傳播的局面，提高廣大用戶的參與度，找到用戶更多的需求資訊。

## ▌引爆 O2O 情境：產品思維與行銷工具的深度結合

情境行銷需要做好哪些工作才能獲得成功呢？

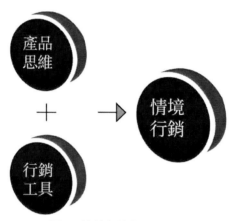

圖 5-2 情境行銷的兩大關鍵

### （1）產品思維

　　如今的行銷已經在傳統行銷的基礎上發生了很大變化，商家需要在行銷過程中保持情境化思維的更新和轉換，之前的行銷只是將產品資訊推廣給用戶，不需要關注用戶的使用情景，也無需提高用戶參與度，如今這種行銷方式已經行不通了，無論是新產品研發還是產品的推廣行銷，都要想辦法發掘用戶的需求。

　　舉個例子，某用戶在網路平臺上購買機票，業者提示他是否購買旅遊不便險，該用戶有可能直接忽略掉這條資訊，但是如果資訊中顯示九成的顧客都買了保險，該用戶購買保

險的可能性就大大提高了，這就是現實生活中比較典型的情境應用。如果經營者能夠保持產品思維，對情境的運用也就更加靈活周到。

## (2) 行銷工具

在進行產品行銷時應當充分發揮行銷工具的作用，比如 Line 提供的支付功能、現金卡及紅包派發功能等等，傳統經營方式下的企業可以透過這些方式與線上經營平臺相結合，逐漸培養用戶的消費習慣，若企業自身能力允許，也可以建構自己的行動應用程式或 Line 官方帳號。

利用行銷工具，可以更好地實現情境應用。舉個例子，用戶想要去看電影，若電影院有自己獨立營運的 App，用戶不僅能夠提前訂票劃位，還能在電影結束後發表評論，影院也可以採用 O2O 模式推出抽獎優惠活動，向中獎的消費者提供免費飲料或打折電影票，這種情境行銷也比較典型。

所有人的生活都離不開情境，無論是在工作時、用餐時、娛樂時還是乘車時。如今這些情境被商家利用，進行產品行銷與推廣，這種情境化的行銷與用戶當前的需求息息相關，用戶很容易就轉換為消費者，也正是因為如此，情境行銷能夠取得不錯的效果，而且不會使人產生排斥心理。如今，情境行銷已經成為 O2O 模式的應用特點之一。

## 未來家居 O2O 的情境應用模式

按照目前的總體發展情況來看，家居電商是電商領域中發展較慢的行業，不過該行業在 O2O 模式的應用上存在巨大潛力。如今，情境化行銷正在如火如荼地進行著，O2O 模式也將取得更加長足的發展，越來越多的目光聚集到家居電商行業，與情境化應用的結合會使該行業呈現出怎樣的發展態勢？

家居行業中不乏翹楚企業，比如知名度較高的宜家，注重消費者的個人體驗。這類企業之所以能夠受到眾多用戶青睞，原因在於其獨到的經營思維。傳統家居企業，應該學著轉換視角，加深對電商領域的了解，尋求經營過程中的良性合作。只有這樣，才能在激烈的競爭中爭得一席之地。

面對競爭，只有那些既掌握傳統產業經營之道，又對網際網路思維有足夠了解的企業才能占據優勢地位。而要突破長時間以來形成的思維禁錮，既需要明白傳統產業的精髓，又要勇於嘗試網際網路思維方式。否則，即使深諳網際網路經營，也會因為缺乏對傳統產業的了解而找不出應對措施，這樣是無法在競爭中取勝的。

家居電商怎樣進行線上線下的結合發展？我以某家家居宅配的經營方式為例，在這裡展開分析。某宅配運用 O2O 及 C2B 商業模式後是否會使整個家居領域獲得前所未有的發展？

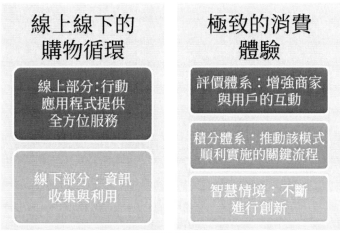

圖 5-3 某宅配的情境應用模式

## (1) 線上線下的購物循環

①線上部分：行動應用程式提供全方位服務

家居企業獨立經營行動應用程式，運用領先的技術功能，滿足用戶的多樣化需求。

家居設計軟體的應用使某宅配在技術方面擁有領先優勢，它能使用戶透過 App 與某宅配進行互動溝通。用戶可以啟動手機終端 App 中的「3D 雲端設計」應用，結合房屋的特點與個人偏好，來規劃自己的家居配置，還能就此與他人交流。

在與他人交流家居設計的過程中，若用戶的設計得到他人的認同，則可累積分數，憑藉這些積分能夠享受某宅配的優惠活動。

線上預約專業設計師。產品的私人訂製將逐漸發展成主流，由不同設計師設計出來的產品具有自身特點。有些設計師擅長復古風格，平臺會對其設計特點進行介紹，同時展示設計師的以往作品以及用戶的評價等等。消費者可以綜合自己的喜好，線上預約專業設計師，提高用戶的參與度。

用戶還能將自己的房屋戶型以圖片形式寄送到平臺上，之後便能收到適合該戶型的家居設計，這和宜家採用 AR 實景為用戶提供家居設計服務有共同之處，用戶可以方便快捷地得到適合的參考方案，必然會青睞有加。如今的 App 應用逐漸普及，要抓住時機，及時確定一個引人注目的名字。

②線下部分：資訊收集與利用

顧客到達某宅配線下實體店後，連線店內無線網路，資訊系統即可根據顧客輸入的密碼進行身分標記，之後顧客在店裡檢視過的商品資訊和其光顧時間都能記錄在案。這樣，就能以 O2O 模式對顧客資訊加以整合利用。

實體店的免費無線網路、導航及檢測系統的設定，可以記錄下用戶在店內花費的時間和看過的商品，再與線上系統中用戶的瀏覽內容相結合，就能估測出特定用戶偏愛什麼類型的家居。當然，用戶之所以接受系統監測，是因為他們也能從中獲得益處，比如，將線上時間轉化為 App 積分。

若可以在手機客戶端系統中運用 FRID（射頻辨識）技

術，就能進一步提升用戶的體驗。這樣一來，網路平臺能夠提供方案，實體店能夠為用戶提供周到服務，是對 O2O 模式的真正實踐。

## (2) 極致的消費體驗

①評價體系：增強商家與用戶的互動

◎顧客為設計師給分

一方面，方便用戶從眾多設計師中選出合自己心意的，接受服務並感覺滿意的顧客自然會對設計師表示肯定，這種效應也會吸引更多顧客；另一方面，設計師會盡心盡力地為用戶服務，這樣就能得到用戶認可，不僅滿足了用戶的核心需求，也是對自身實力的證明和提高。如此往復，企業就能逐漸提高自己的知名度，吸引更多的消費者。

當下的服務體系還有需要改進的地方。舉個例子，有的用戶支付後，設計師沒有及時為其提供設計方案，或者提供了方案但其中存在問題。這時候，用戶如果能夠對服務人員評價，就能有效解決這類問題。

在服務結束之後，顧客根據實施情況對設計師乃至安裝人員評價。如果顧客的評價顯示對提供的服務不滿意，企業會有專員進行處理，了解具體情況，減少客戶的抱怨並及時彌補服務不妥的地方，以避免客戶的流失。上級管理人員也可以據此了解員工的工作情況。

◎用戶對用戶的評價

這一舉措能夠吸引更多人的參與，讓大家就「家居設計」這一主題發表不同的看法。用戶可以在自己設定家居方案的同時借鑑其他人方案中的優點，在互相評價中明晰自身的優勢與不足之處。另外，這不僅能夠迎合用戶對好評的心理需求，還能獲得 App 積分。

②積分體系：推動該模式順利實施的關鍵流程

在顧客與設計師之間架起溝通的橋梁，是 O2O 模式實施的關鍵部分。

積分體系為消費者成為該品牌的 VIP 顧客提供了機會，用戶可以憑藉積分享受優惠，也可以在此基礎上結合企業與自身需求進行更進一步的合作，滿足雙方需要。

將 VIP 顧客劃分等級，每個等級都可以按公司規定享受一定的優惠。不過只有在註冊 App 的前提下才能成為 VIP 顧客，會員也必須應用 App 才能獲得相應的優惠，這樣做的目的是培養用戶逐漸養成使用手機應用的習慣。

也可以進一步完善應用程式的功能，允許消費者給自己滿意的設計師支付額外的報酬，這樣做，一方面能夠增強顧客與設計師之間的溝通，另外，還能提高用戶的依賴性。

一般情況下，購買家居商品的客戶，身邊好友在 2 到 5 年間會產生同樣的需求。若客戶對公司的服務滿意，就會向

其好友推薦這個品牌的商品，他們會出於對朋友的信任而購買該企業的商品。這就需要企業將服務做到極致，讓客戶滿意而歸。

企業在管理過程中，可收集相關資訊，對工作人員的服務情況和具體業績有清晰的把握，根據顧客需求進一步完善服務，評選出態度認真、對公司貢獻大的員工，以此來作為人員調配的參考。除此之外，還可以參考 VIP 體系設定來打造針對設計人員的評分系統。

③智慧情境：不斷進行創新

由專業設計師提供的上門服務經某宅配推出後，被很多企業模仿。但某宅配畢竟在實踐中累積了其他企業不具備的優勢，今後還會有更多的創新思維出現。

智慧情境將成為 O2O 的顯著特徵。智慧家居聯手家具產品，會讓消費者的日常生活更加便利。

要提高當前家居情境的智慧化水準，就要突破傳統思維方式，在銷售家具的過程中更加注重用戶體驗及商品的功能展示。同時，還要注重聯手家居企業，完善服務，培養粉絲用戶，將先進技術應用到家具商品中，以創意打動消費者。

傳統產業切忌閉門造車，要勇於打破常規，給顧客提供更多的商品資訊，刺激其消費需求；要勇於邁出腳步，探索與自身情況相符的發展模式。

# 5.2 LBS +O2O：如何將定位消費情境與 O2O 有效結合？

## ▌「LBS +O2O」情境模式：消費半徑上的精準行銷

所謂 LBS，指的是一種基於位置的服務，是透過種種手段來獲取行動終端用戶的位置資訊，在地理資訊系統的支援下為用戶提供相應服務。LBS 本身有兩種意義：一是獲取地理位置，二是據此來提供資訊服務。

雖然這個概念提出的時間並不長，但發展歷程卻很久，1970 年代就已經在美國發源，進入 21 世紀形成位置服務的雛形。過去雖也曾一度引起過熱潮，但形式其實比較單一，大家最為熟悉的模式就是簽到，企業以期透過獲得的積分、勳章、郵票等來鼓勵那些簽到的用戶帶動消費。

然而，對於用戶來說，簽到帶來的更多的是精神層面上的分享，而不是商業價值，所以當很多社群媒體軟體也配備了此項功能之後，用戶就很快流失了，畢竟用戶已經在那些平臺上培養了固定的行為習慣，如果沒有足夠的契機完全沒必要轉戰新興平臺。因此，基於此背景 LBS 產生了變異，出現了基於其功能之上的推薦消費模式。

## (1)消費半徑上的精準行銷

提起團購，想必大家都不陌生，在其發展之初，團購的意義其實就是在數量規模上的一次性消費，吸引點就在於價格便宜，而且體驗的時間也多放在節假日或是週末，消費者團購之後會花費較長的時間到商家去進行餐飲、看電影等方面的體驗，多數都是一次性，很少能見老顧客，即便有頻率也不會很高。

這其實就是一個用戶黏著度低的問題。這樣一來，商家並沒有獲得多少商業價值，團購的價值就相對地削弱了。所以，擺在商家面前的問題就是如何才能提高用戶黏著度。

其實，這一問題並不難解決，完全可以從推薦附近的商家做起。這裡所謂的「附近」其實就是我們常說的消費半徑，比如說一座辦公室裡的白領，他們的「附近」指的就是這座辦公室的周邊，步行基本在兩站之內，所以這個範圍內的商家都可以向他們推薦，如此他們便不會花費太多時間就能即時消費。

如今，行動終端得到普及，網速、流量成了制約性因素，而諸多商家所提供的優惠券越來越多，用戶的選擇面變得非常廣，如果不能提供令人心動的資訊就很難抓住用戶的眼球。那怎麼才能做到對症下藥呢？此時，LBS 的作用就凸顯出來了。

## ▎「LBS+O2O」模式的下一個突破點：強化社交功能

　　如今，市場上基於 O2O 模式與位置服務的商業模式已經有了明確的盈利方式，大致可分為四種不同的途徑：一是廣告，二是分銷及差額交易，三是與商家的抽成，四是網站抽成。盈利模式既已確定，那麼這些公司之間日後的戰爭要拚什麼呢？答案只有一個，那就是社交。

圖 5-4 「LBS+O2O」模式的四種盈利途徑

　　答案一出，可能就會有人質疑，畢竟 LBS 剛剛進入業界的時候就是與 SNS 進行結合，但結果並不理想，為什麼現在又提及社交了呢？

　　其實，我們仔細觀察一下如今發展得如火如荼的網際網路公司，就會發現他們都有一個共同的特點，即社會化程度

頗深。由此，我們便可得到一個結論，那就是社交的重要性
不容忽視，而結合社交能否成功的關鍵則在於時機。當位置
服務有了一定的用戶規模，再結合社交的話就可以對用戶之
間的社交進行強化，也就能夠驅動商業價值了。

①位置服務與興趣社交

堪稱為圖片版 Twitter 的 Pinterest 之所以能夠出現燎原之
勢的發展，是因為它抓住了興趣圖譜這一關鍵，這一網站基
於興趣把用戶匯聚到一起，而有著共同興趣的人則會對一張
圖片進行無數次轉貼，於是熱度就被炒起來了。

其實，這就是我們常說的病毒行銷。既如此，那麼這些已
經有了固定盈利模式的 O2O+LBS 企業應該如何合理地運用這
一有力武器呢？或許他們可以從消費系列入手，並將興趣融合
進去，比如健身、聚餐、K 歌、騎自行車、遠足等等，而聚集
的人群既可以是朋友，也可以是陌生人，興趣則是最重要的紐
帶。這樣一來，許多陌生人就因為共同的興趣匯聚到了一起。

其他類似企業可以參考其成功的經驗，最終使整個行業
健康有序地向前發展。

②位置服務與熟人社交

臉書之所以能有如今的規模，是因為它建構了一張包山
包海的社交網，正是因此才具備巨大的商業價值，而這個社
交網其實就是一個基於朋友的關係網。那麼，上述企業的用

戶中肯定會有熟人，無論是至交好友還是公司同事，甚至是網友，形形色色，這些企業的下一步發展策略就是深入挖掘出熟人的價值。

舉個例子，當你在某天體驗到了一種美味，並在網路上進行了評論，你的熟人看到後，很可能就會產生也去體驗一下的想法，如此一來便促進了消費。

所以，擺在「O2O+LBS」企業面前的重任就是將用戶的資訊整合起來，進一步發展社交功能。

## 「地圖＋支付」情境模式：將情境嵌入 O2O 商業模式

「地圖＋支付」的情境形態是當前 O2O 情境中最基礎的模式之一，其原因可以歸結為地圖和行動支付都具備線下交易入口的屬性。不得不說「地圖＋支付」的情境形態也為當前的市場行銷帶來諸多啟示

「地圖＋支付」情境形態的大規模興起源於 2014 年前後。電商大廠們在行動網路的發展浪潮中看到了 O2O 模式的巨大發展前景，於是紛紛選擇這種模式。然而要想在 O2O 領域占據有利地位，僅做好網站管理、市場調查研究是稱不上成功的，行動支付和地圖已經成為團購訂餐軟體、叫車程式這些 O2O 直觀表現者更加注重的問題。

　　人們渴望更加便捷的生活方式，地圖與行動支付的結合就成為大勢所趨。當然談到「地圖＋支付」情境形態火爆的原因還要透過具體的舉例來分析。

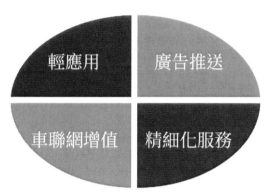

圖 5-5 「地圖 + 支付」情境模式的 4 大優勢

## (1)角度一：輕應用

　　所謂的輕應用沒有準確定義，簡單來說就是無需下載，根據用戶需求實現隨搜隨用的便捷應用。

　　舉例來說，我們需要臨時工來打掃房間，有必要為此安裝一個獨立的 App 嗎？我們需要找一個代駕司機，有必要在安裝獨立 App 之後再找嗎？如果擁有一個地圖 App，我們就可以在地圖上找到其入口直接使用，而不需要為了某些不常用的功能下載諸多 App。

　　當然這些並不常用的 App 已經以相當快的速度發展起來了，且都在 O2O 領域占據了相當重要的地位。但是地圖作為

基礎應用，若能夠提供足夠的功能入口，再加上行動支付的便捷性，將會在 O2O 領域大展拳腳。

## (2)角度二：廣告推送

　　廣告是產品推廣的首要方式，然而評判一個廣告的好壞不僅要看其是否展現出產品的特性、品牌的內涵，更重要的是它的展現時機是否符合消費者的意願，否則廣告就變成了騷擾。當你口渴正要訂一杯咖啡時，星巴克員工將一杯咖啡送到你手裡，這不正表現了廣告推送時機的重要性嗎？

　　「地圖＋支付」的情境形態對於廣告推廣來說頗具優勢。我們設想一下，當我們走進某個商圈，行動裝置上的地圖應用會根據我們所在的地理位置以及對之前購買經歷的分析為我們推薦附近的餐飲小吃或某類物品的促銷資訊，若是使用彈出的優惠券還可以獲得打折優惠。

　　面對這類廣告我們一般會有兩種選擇：一是視若無睹，選擇關閉該類資訊；二是在心動之後使用優惠券下單、支付。如果是第二種結果，商家實際上是藉助「地圖＋支付」情境來實現行銷的，而設定該情境的公司則可以獲得廣告費，這種明確的廣告途徑無疑會給商家帶來更多的銷售機會。

## (3)角度三：精細化服務

　　很多人將當地生活服務品質差歸結為商家管理不到位，但是我們應該意識到這只是一方面的原因。我們的消費也許

沒能讓商家賺到足夠的錢來支付服務人員期待的薪水，服務人員再熱情的服務也得不到小費，有時候還要給我們開發票，這種狀況下我們必然得不到高品質的服務。

團購之所以越來越火爆，就是因為商家從消費者的提前支付中獲得了一種安全感，更願意為消費者提供滿意的服務。從這點來看，提前支付或即時支付更有助於消費者獲得優質服務。

簡單舉例，我們去某地旅遊購買了許多特產，為了方便繼續旅行，我們可以請求店家代為保管或直接送到機場，當然這需要我們提前支付並獲取物品的存放位置，以便離開時可以直接到機場提取。

除此之外，許多餐飲商家也是要求提前付費的，比如星巴克就需要先付款再取杯，這已經成為大家的共識。提供生活餐飲服務的當地商家可以學習這種方式，在提高營業額的同時，也逐漸改善自身的服務。

## (4) 角度四：車聯網增值

地圖是汽車導航的必要裝置，若將「地圖 + 支付」應用在車聯網中，加上車聯網中的資訊，將會給人們的外出、生活帶來更多的便利。

舉個簡單的例子：當你在開車回家的路上突然想吃達美樂的披薩時，你是會選擇花幾分鐘時間開車到披薩店現點並

等上十分鐘，還是會藉助「地圖＋支付」的方式在車上語音預約、提前支付，當抵達達美樂時就可以直接取走呢？當然是後者，這種便捷的方式既節省了時間，又讓你享受到了更熱情的服務。

隨著自用小客車越來越多，停車變成一件不容易的事情，但是「地圖＋支付」的情境形態卻可以幫助車主減少這樣的煩惱。假如我們正在某停車場附近，車聯網系統會提示我們是否有車位，若是沒有我們可以直奔下一個停車點；若是有空閒車位，我們就可以提前支付，到達之後直接停車，離開時自動扣款結算。這就將停車變成一件相對簡單的事情。

融合店家展示、促銷活動、支付評價、會員服務等流程於一體的完善系統，是每個商家都渴望擁有的，然而就當前的發展狀況來看，這必然需要高科技終端的幫助，就像網店店主憑藉蝦皮這個平臺來實現自己的創業夢想一樣。

有訴求必然會有創新，而這種創新就展現在 O2O 商業規範的創立上。「地圖＋支付」模式必將為 O2O 商圈提供更多的成功範例，而其衍生的商業模式也會幫助前沿商家得到更多的提升。

我們可以想像，在不久的將來到達離島觀光時，可以藉助 Wi-Fi 下載卡通地圖，這張地圖不僅有準確的店家地址、街道景點，還有詳細的店家優惠，我們可以透過它到

任何想去的地方，相信很多遊客會選擇這樣的地圖來豐富
自己的行程。

# 5.3 案例解析：如何在情境行銷模式下玩轉 O2O ？

## ▎車聯網時代，O2O 模式的致勝祕訣

　　行動網路興起至今僅有十幾年的時間，但卻改變了傳統的商業環境，「網際網路＋」模式延伸到各個領域，傳統型企業也不得不開始自己的轉型之戰，當然最重要的還是行動網路大潮下所誕生的眾多勇於嚐鮮的創業者們，正是他們的創新才使我們的生活更加方便快捷。

　　汽車網際網路可以說是最能方便我們生活的行業創新，然而要想在激烈的汽車網際網路市場中站穩腳跟並不是一件容易的事，多少汽車網際網路創業公司高開低走，能夠存活下來的必然是頗具實力和特色的企業。下面我們就從兩個方面來深入分析車聯網 O2O 成功的因素。

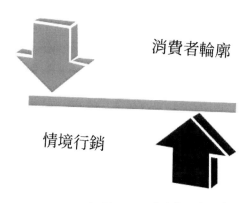

圖 5-6 車聯網 O2O 成功的兩大因素

## (1)消費者輪廓是成功的第一重因素

①什麼是消費者輪廓？

在行動網路時代，跨界合作、資源整合、新媒體行銷等方式已經成為網際網路企業實現自身發展的首要選擇，而這必然離不開巨量資料技術的應用，企業更注重利用巨量資料來挖掘潛在的商業價值。

巨量資料平臺可以更便利地幫助企業獲得用戶的回饋資訊，資訊之間的頻繁互動有助於企業對資訊的挖掘，這為企業發展提供了足夠的資訊基礎，由此「消費者輪廓」的概念就悄然而生，成為企業巨量資料應用的根基。

所謂「消費者輪廓」就是根據企業收集到的性別、年齡、學歷等社會屬性資訊和生活習慣、購買需求等消費行為資訊所提煉出來的用戶資訊標籤。根據標籤的特徵對用戶進行分

類，同一類型的畫像模型不僅在社會屬性、消費習慣上有相似之處，甚至有相同的思維模式，這種標準化模式就為企業的資訊提煉提供了便利。

②如何利用消費者輪廓做精準行銷？

2015 年 5 月，某車聯網公司收集了多個城市的駕駛資訊，並釋出了巨量資料報告。報告涵蓋了不同層次的消費者，從大小都市均有涉及，對消費者的不同外出時間以及不同外出習慣做出了詳細統計。

其中，利用其獨有的 On Road 運動辨識模型做出用戶路徑的辨識管理，由此判斷出車主生活軌跡的覆蓋範圍。這類調查為未來營運中進軍汽車市場打下了良好基礎。

如此之大的流量資訊提供了龐大的用戶資訊，而這也幫助某車聯網公司實現了消費者輪廓的提煉，根據所在地域、消費習慣、出行方式的不同提取標準化的用戶模型，從而為各類用戶提供最精準的資訊推送。

消費者輪廓的提煉主要從兩個方面入手：

◎分析種子用戶特徵，挖掘出忠實用戶、核心用戶、目標用戶與潛在用戶，各類資訊的收集、挖掘使之成為一個綜合性的資訊平臺。面對行動網路的興起，根據這些行動行為資訊來分析客戶的喜好和需求，從而為用戶提供更貼心的服務。

◎及時檢討，剖析用戶回饋行為資訊

之所以能夠在幾年的時間內發展眾多用戶，提煉出更具標籤化的消費者輪廓，相當程度上是依靠自身的及時覆盤彙整。會在一段時間的推廣行銷之後進行反思：自己的產品是否滿足客戶需求、當前的行銷模式是否領先於業內其他企業、產品是否根據用戶回饋做出及時調整等等，正是根據這些階段內資訊為企業之後的行銷推廣提出了更合理的發展規劃。

某車聯網公司藉助每季度推出的巨量資料報告對用戶的回饋行為進行多角度剖析，根據微車 App 是否在一定程度上滿足用戶需求來判斷行銷推廣成果，這種以用戶回饋為基礎的檢討反思會增強用戶對企業的信賴程度，從而使企業提煉出更加精準的消費者輪廓。

**(2) 做好情境行銷是成功的第二重因素**

①什麼是情境行銷？

情境行銷是一種全新的行銷理念，是針對網友在上網過程中始終處於輸入情境、搜尋情境、瀏覽情境這一現狀提出來的。

隨著 O2O 模式出現，情境行銷不再局限於線上，線下商家也希望消費者可以在情境體驗中感受產品價值，無論是大型超商，還是地攤百貨，都開始注重情境設定。相對來說，線下情境的創新空間更大一些，這有助於商家更好地展示產品，並藉助行銷推廣的暗示獲得消費者青睞，最終形成口碑

傳播，實現企業良性發展。

成功的情境行銷不僅要在產品上下工夫，精彩的企業故事、動人的企業文化也是建構情境的關鍵因素。能使消費者產生共鳴的故事和情懷是打造令人難忘的情境的重要基礎。有時候我們買的不是產品，而是那份能夠讓自己感動的情懷。不得不說情境行銷賣的不只是產品，還有企業令人動容的文化內涵。

②如何透過情境行銷幫用戶養成使用習慣？

行動網路的發展催生了眾多 App，但是能夠長時間受青睞的 App 卻不多，這些成功的 App 都有共同的特徵：好看的 UI、簡單易行的操作，當然最重要的是為用戶營造了舒適的使用情境。這個情境既向用戶傳遞了自己渴望傳達的內容，也提供了完善的分享機制，使消費者能獲得完美的產品體驗。

某車聯網公司的成功正是將這些 App 特徵發揮到了極致。首先看到汽車網際網路空缺的服務市場。

◎精心設計使用情境，讓線上產品不浪費流量

用戶下載使用 App 主要是為了滿足自身需求，但是 App 是否具備舒適的用戶介面、良好的互動體驗和分享機制是其是否會長期使用的重要衡量標準。

某車聯網公司 App 為用戶提供了簡單易行的操作介面，

各類業務一目了然，方便用戶查詢使用。

以流量切入市場，其資訊流量是其他同行無法比擬的。這種以流量著稱的綜合性資訊平臺已成為汽車網際網路市場中廠商們競相追逐的對象，比如免費叫車軟體。

◎跨界合作、商家聯盟、網際網路落地幫用戶養成固有習慣

對於企業來說，為用戶提供一個能夠通暢交流的窗口有利於用戶養成習慣，透過交流窗口企業可以有效解決客戶在使用過程中出現的問題，了解其不斷形成的新需要。

此外，以網際網路 O2O 平臺為載體的跨界合作也應同時進行，這樣一來企業可以使網際網路專案與消費者群體真正結合，並透過與消費者之間的換位思考來切實找到其需求痛點，從而解決實際問題。

面對行動網路浪潮，伯克的「不要依據過去來策劃未來」要牢記於心，網際網路時代的時刻變化意味著我們要有選擇地借鑑，而非全盤接受，這樣才能夠在 O2O 紅海中揚帆遠航。

# 第 6 章
## O2M 行銷：
## 打造以消費體驗為中心的
## 全情境購物模式

# 6.1 情境 + 通路：
# 行動網路時代的通路情境模式

## 情境與通路的概念劃分

通路在傳統的市場行銷中占據著舉足輕重的地位，但隨著行動網路的發展，時間呈碎片化狀態，通路逐漸邊緣化，情境成為 O2M 時代的焦點。那麼，通路與情境之間又有什麼區別呢？

通路一詞被引申到商業領域，用以描繪商品在企業與消費者之間的流通路線。

但是，隨著行動網路的發展，消費者的地位逐漸得到提升，通路不能僅局限於產品的流通通路，還應關注用戶的主體地位。因此，在 O2M 時代，通路指消費者購買產品或服務的平臺。

網際網路的出現將通路劃分為線上通路和線下通路。

◎線上通路：主要負責為用戶提供服務平臺，包括 B2B 平臺、B2C 平臺，以及 C2C 平臺。

◎線下通路：主要負責為用戶提供體驗服務，包括經銷

商、代理商、批發商以及零售商等通路。

　　傳統意義上的情境，尤其是購物情境，主要指的是商家透過一定的方式吸引消費者在特定的場合購買其提供的產品或服務。但是，在行動網路時代，消費者在交易活動中的地位得以提升，他們更加注重客製化、訂製化的體驗。因此O2M時代的情境除了強調商家為消費者建構特定的購物環境外，也更加強調為消費者提供客製化的服務，滿足他們的長尾需求。

　　情境主要由通路情境和通路外情境組成。通路情境是充分利用各種通路達到成功交易的目的，而通路外情境則不需藉助通路就可完成交易。這意味著消費者的購物通路擴大了，可以利用通路情境和通路外情境更方便地進行交易。

　　情境與通路的關係密切，情境包含通路，通路附屬於情境。具體來說就是，消費者透過某一通路完成交易屬於購物情境，但並非消費者所有的交易行為都是透過一定通路完成的。

　　情境涵蓋的範圍極為廣泛，有購物、傳播、廣告等多種情境。同時，傳播情境和廣告情境還能夠細分為傳播通路、廣告通路等。

## ▍如何打造基於通路建構的 O2M 情境？

從情境與通路之間關係的密切程度看，可以把購物情境分為三大類。

圖 6-1 購物情境的三大分類

◎以通路為核心打造的情境：通路在情境中占據中心位置。

◎與通路相結合存在的情境：情境不再以通路為中心，兩者屬於並列關係。

◎脫離通路獨立存在的情境：商家為消費者提供的所有產品和服務，包括產品展示、產品交易、客戶服務、消費體驗等流程，可以在任何通路進行，或者消費者在完成一次購物體驗的過程中可以採用多種通路。

根據通路與情境的不同密切程度，可以打造不同的情境。在行動網路時代，基於通路建構的情境主要在行動端發揮作用，同時又要兼顧傳統的通路。

## (1)先要填補通路空白

在 O2M 時代，線上、線下、行動端三方構成了全網路通路模式，而打造購物情境，則需覆蓋這三大通路。傳統的購物情境已實現了覆蓋線上線下通路，而行動端這一通路卻一直處於空白狀態。因此，行動網路時代的情境建構更應以行動端為主，打造涵蓋全網路通路的購物情境。

## (2)為行動端通路打造配套齊全的線上線下的基礎設施

打造涵蓋全網路通路的購物情境需要以行動端為核心，並輔以線上線下通路的配合。

線上方面主要從價格體系、會員服務及引流等方面配合行動端通路的建立。相對來說，線下通路則從更多流程為行動端提供輔助，主要有實體門市和各種活動現場、本土化服務對線上和行動端的流量導引、產品供應、物流倉儲等。

「線上 + 線下 = 行動端」的 O2M 全網通路模式就是電子商務打造情境的典型代表。它充分挖掘線上通路的發展潛力，打通各個通路間的界限，並與線下通路相互配合，為消費者建構「線上 + 線下」的購物情境：行動端在消費者的購物過程中扮演著重要角色，透過行動端，消費者可以進行店內比價、下單、交易等活動，不同於傳統的線下交易或者行動端交易。此外，業者也該充分發揮供應鏈的作用，為「線上 + 線下 = 行動端」的全網路通路模式提供支柱。

## 如何打造脫離通路的獨立情境？

依託通路的情境打造方式比較簡單，而打造脫離通路獨立存在的情境則相對比較複雜，需要在脫離通路的前提下，完成以下六個流程。

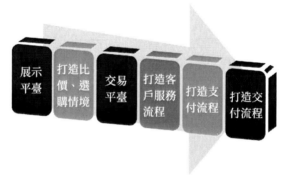

圖 6-2 打造脫離通路的獨立情境的六個流程

### (1)展示平臺

無論有沒有可以依託的通路，打造情境的首要關鍵都是要有展示產品的平臺。只有這樣，企業才能樹立良好的品牌形象，同時又能滿足消費者的客製化需求。因此，企業在實現循環的情境過程中，首先要做的就是搭建產品的展示平臺，讓更多的消費者了解企業的產品和文化。

### (2)打造比價、選購情境

企業要做的第二關鍵是打造比價、選購情境，以吸引消費者的注意力，引起他們的購物欲望。打造比價就是要爲消

費者提供消費資訊，讓消費者在自由選擇的前提下購買企業的產品或服務。物美價廉、性價比高的產品更容易刺激消費者的購買欲望。

### (3) 交易平臺

消費者決定購買公司的產品之後，還需要有一個平臺輔助完成交易，主要包括如何下單、確定購買、填寫資訊、提交訂單等。

### (4) 打造客戶服務流程

在消費者購買公司的產品的過程中，企業也需要安排專門的人員為顧客解答疑惑和問題，吸引顧客進行消費；而在顧客完成交易之後，企業也要做好售後服務工作，從而形成用戶黏著度和忠誠度。

### (5) 打造支付流程

支付流程在交易過程中十分重要。如果消費者決定購買公司的產品，但由於支付流程存在漏洞而導致客戶放棄購買，則會導致企業巨大損失。選擇哪種支付方式，完成支付後能否及時收到商品，顧客自身的權益是否有保障等，是顧客十分關注的問題，同時這些問題也關係著企業能否成功打造購物情境。

## (6)打造交付流程

消費者完成下單並確認支付後，便等待商家出貨。如何將商品交付到消費者的手中是商家必須解決的問題。

此外，傳播情境、互動情境、廣告情境等的建構與購物情境大同小異，不再一一贅述。

## ▎「情境 + 通路」模式對 O2M 的策略意義

在 O2M 時代，情境和通路主要有以下幾大意義。

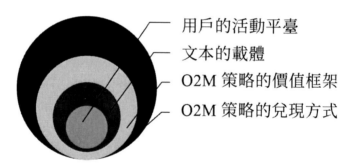

用戶的活動平臺
文本的載體
O2M 策略的價值框架
O2M 策略的兌現方式

圖 6-3 「情境 + 通路」模式對 O2M 的策略意義

## (1)用戶的活動平臺

情境和通路的建立為用戶提供了活動平臺，用戶可以在這個平臺上體驗到客製化的服務。在從 Online To Mobile 或 Offline To Mobile 到行動端的轉型過程中，用戶可以藉助情境和通路提供的平臺，選擇喜愛的商品，並與企業進行交易、交付等活動，以此加強與企業之間的連繫。

同時，企業也可以透過活動平臺及時了解用戶的需求，轉變行銷策略，建構客製化的購物情境，吸引用戶消費。

### (2) 文字的載體

文字可以引起消費者對企業產品的注意，引導他們進一步了解產品的資訊，刺激他們的購買欲望，但文字的傳輸需要依託一定的載體，而情境和通路恰好能夠充當文字的載體。企業在了解消費者的需求後，制定了精準的行銷策略，只需要將這些完整的文字放到特定的情境和行動通路中，就能夠實現吸引消費者的目的。

### (3) O2M 策略的價值框架

情境和通路為企業提供了文字的載體，可以及時向消費者推送最新的產品資訊，從而將企業與消費者密切連繫起來，但是在 O2M 時代，僅僅從物質層面還無法吸引消費者購買商品。行動網路的發展為消費者提供了便利的購物通路，但隨之而來的信譽問題也成為困擾消費者的難題。因此，企業更應該加強誠信建構，增強消費者對企業的信任感。

情境和通路的建構為 O2M 策略提供了誠信價值框架，消費者可以放心購物，同時也將產品的價值最大限度地展現出來。

一方面，在情境中，產品自身的價值被最大限度地展示出來，得到消費者的認可；另一方面，情境和通路還為企業

和產品帶來增值價值。同樣的產品在不同的情境和通路中，會給消費者帶來不同的購物體驗。

## （4）O2M 策略的兌現方式

文字是企業對消費者需求的基本呈現形式，而情境和通路則決定著企業產品的銷量。只有依託情境和通路，產品才能引起消費者的注意，進行交流、交易、交付等活動，從而實現高銷售量。除此之外，企業為消費者提供的客戶服務、產品的售後服務等，也都只能在情境和通路中完成。

# 6.2 O2M 情境實踐：「線上流量 + 線下情境」的相互轉化與融合

## Online：將線上流量轉移到行動端

行動網路時代出現了多種新型的商業模式，作為電商新模式的 O2M 模式（圖 6-4）也在此時興起，它主要包括兩種形式：Online To Mobile（線上電商與行動網路的結合）與 Offline To Mobile（線下電商與行動網路的結合）。線上線下各有各的玩法，下面我們來談一下如何做好 Online To Mobile 模式。

圖 6-4 O2M 模式的兩種形式

要使線上的流量轉移到行動端需要進行相應的策略調整，現在線上的調整主要以企業擁有的平臺為核心，企業將上下游資源整合，以便更加高效地將線上流量向行動端轉移。

線上平臺

第三方電商平臺

線上資源

圖 6-5 將線上流量轉移到行動端的三大關鍵

## （1）線上平臺的調整

企業自主經營的線上平臺本質上是圍繞企業官網所進行的網路行銷，企業無需藉助龐大的外部資源，只依靠自身力量就能完成，目前已經發展成為企業主要的網路行銷手段。

傳統的網路行銷憑藉資訊傳播技術，透過各種媒介通路、軟體工具等進行各種線上活動、行銷推廣、搜尋引擎最佳化，在網路用戶中廣泛開展行銷活動，再加上一些配套的客戶管理措施，使企業實現利益最大化。

本質上，凡是利用網際網路所進行的市場行銷，或者是為進行市場行銷活動而採用的產品的材質、外形、價格等方面的調整都是一種網路行銷。

①行銷體系的建構

企業所進行的傳統網路行銷主要涉及四個系統：平臺系統、發出系統、引入系統、轉化系統。下面分析一下傳統企業的網路行銷過程：

◆ 平臺搭建。網路行銷平臺的建立成果是一個（或者多個）企業官網，按功能劃分為兩類：宣傳平臺與銷售平臺。行銷平臺是企業進行網路行銷的核心所在，後續所有的網路行銷都要圍繞這一平臺進行。

◆ 流量引入。藉助 SEM（搜尋引擎行銷）、廣告行銷、影片行銷等手段將用戶流量引入企業行銷平臺。

◆ 資訊發出。為了更大程度上發揮企業網路行銷平臺的作用，以網路行銷平臺為基礎，透過線上的郵件行銷、電子雜誌、廣告影片等以及線下的傳真、單頁、畫冊等實現資訊發出。資訊發出的最終目的還是要實現流量的引入，當然接收引入流量的不僅是線上的網路行銷平臺，企業的線下活動或者是會議行銷等都可以接收用戶流量。

◆ 流量轉化。企業的網路行銷平臺接收用戶流量後將其轉化為實際的產品銷量與會員。

以上就是絕大多數企業採用的傳統網路行銷模式。另外，還有一些以品牌推廣為主的企業採用與第三方廣告公司合作的網路行銷模式，透過將傳統的網路行銷方式進行調整，從而實現從線上向行動端的流量轉移。

下面對這種調整進行詳細說明。

◆ 搭建平臺調整：引入流量向行動端轉移機制，具體可以透過新增企業的臉書、Line 帳號、加入自有媒體窗口區塊以及頁面分享區塊等，實現流量從行銷平臺向行動端的轉移。

◆ 資訊發出調整：線上的郵件行銷、電子雜誌、廣告影片等與線下的傳真、單頁、畫冊等都加入向行動端引流的區塊，直接將用戶流量引入企業行動端平臺，不需要藉助企業網路行銷平臺來傳遞，提升用戶流量的轉移效率。

◆ 流量轉化調整：將之前線上網路行銷平臺與線下客服服務結合實現的用戶轉化方式，變爲利用行動端（臉書、Line 等）客戶服務來將用戶轉化爲銷量與會員，更爲方便的是，會員的管理與服務也能用行動端直接管理。另外，傳統行銷平臺的行銷活動可以直接在行動端完成交易，網路行銷平臺成爲一個傳遞用戶流量的媒介。

②企業線上平臺的深層次調整

企業必須對線上平臺進行深層次調整，才能真正展示出 O2M 商業模式的內在精髓，這種調整主要表現在以下幾個方面：

◆ 經營策略調整：行動網路時代已經來臨，企業應該緊緊擁抱行動網路的浪潮，將實現向行動網路轉型作爲企業

發展的重要策略。

◆ 資源配置調整：將更多的資源投放到行動網路領域。

◆ 組織結構調整：改善企業的組織結構，實現員工思維從網際網路時代向行動網路時代轉移。

## (2)線上資源的調整

網路行銷產業中，一些平臺資源被外界控制，企業想要對它們進行調整有一定的難度，但是為了適應行動網路時代的 O2M 行銷模式，企業必須積極地進行調整，從而完成從線上向行動端的策略轉移。

這種平臺主要有兩種：銷售平臺與推廣平臺。前者主要是用以銷售產品，也被稱為電商平臺；後者是傳播企業的品牌與文化，間接提升企業的產品銷量。

這種平臺企業能夠進行的調整十分有限，實際操作過程中可以在廣告中加入企業的 QR Code 等連線工具，以實現用戶流量的轉移。如果企業能夠遇到一些展示自己創意的機會，比如設計廣告與文案等，一定要盡最大的努力去完成。

## (3)第三方電商平臺的調整

電商時代的大廠，開啟了網路行銷的新時代，對於一家入駐這些電商平臺的企業，用戶流量通常只有兩種：店內流量與外部流量。

獲取外部流量的手段基本和企業自主經營線上平臺的策略相同，這一部分調整的重點是店內流量的策略調整。對於企業來說店內流量通常掌握在電商平臺手中，入駐的同行業企業之間存在激烈的競爭，企業要想得到進一步的發展，必須從競爭者手中搶奪用戶流量。

如今，在傳統電商流量遭遇瓶頸無法突破的局面下，企業只有進行策略上的調整，才能迎來新的發展機遇。這種調整的具體思路是將 PC 電商平臺的經營視為行動端電商平臺的流量獲取手段，也就是說，企業在 PC 端的營運本質上都是在為行動端服務。

銷量排名第一的某電商品牌向我們展示了這種策略調整所帶來的巨大影響力。

該品牌公布的資訊顯示，行動端的銷售額達到總銷售額的 80%，我們可能很自然地會想到這家企業一定在行動端投入了大量的精力，但是真實的情況卻是這家企業在行動端並沒有什麼特別的布局。但其在另一方面做得非常好，一是擴大品牌的影響力與知名度；二是提高 PC 端的單品銷售規模。

背後蘊含的原理是：

◆ 消費者在行動端搜尋商品時，知名度與性價比高的品牌商品會排在前面，從而使這家企業在 PC 電商時代累積的品牌影響力與知名度得到充分利用，直接帶來銷售額的成長。

◆ 大部分網購用戶在購買某一產品時,會按照銷量排名進行選購,PC 電商時代該企業所占據的銷量優勢,使得該企業的產品能夠優先展示在消費者的眼前,成交量自然大幅度提升。

其實企業能夠運用的方法不只這一種,但其背後最為基本的原理是:PC 電商時代企業所累積的優勢透過一定的策略調整在行動電商時代能夠得到充分利用。

## ▌Offline：**整合線下資源，打造新的購物情境**

所謂 O2M，是電商發展到一定階段所產生的一種新模式，指的是線上線下的互動行銷，其核心就在於「M」一詞，將傳統的流量都移向行動端，形成了一種「線下做體驗、行動端做服務」的全新模式。

目前，「M」一詞指的是「Mobile」，即行動網路，而「O」則有兩種解釋，即「Online」和「Offline」，分別指線上的電商與線下的實體店。如今，此模式已經成爲諸多企業發展策略的重要流程，而「Offline」又是其中的重中之重，若要保證流程順利，就必須做好線下資源的整合。

企業在進行線下資源的整合時，需要關注以下三個問題。

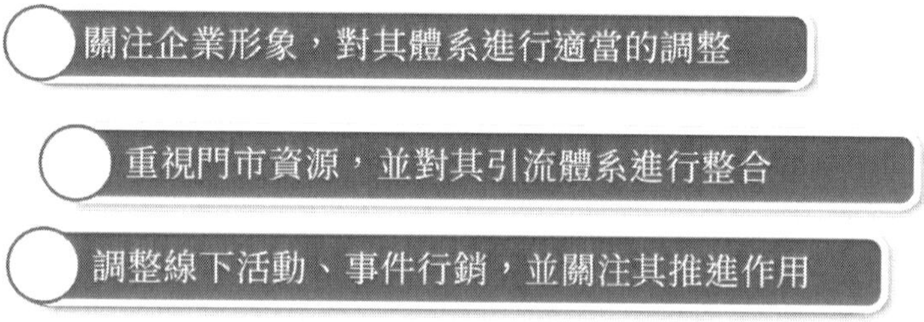

關注企業形象，對其體系進行適當的調整

重視門市資源，並對其引流體系進行整合

調整線下活動、事件行銷，並關注其推進作用

圖 6-6 企業進行線下資源的整合時需要關注的三個問題

### (1)關注企業形象，對其體系進行適當的調整

近年來，爲了能夠在市場競爭中拔得頭籌，企業越來越重視企業文化建構，而作爲企業文化的一種外在表現形式，

企業形象也越發重要起來。所以，企業對於形象的設計迫在眉睫。眾所周知，企業形象辨識系統正是塑造出良好企業形象的重要手段。

所謂企業形象，其實就是指人們對企業的一種總體印象，具體是透過企業的各種標誌而塑造起來的。被稱為 CIS 的企業形象辨識系統即是有計畫地向閱聽人展示與傳播企業自身的各種標誌，以期閱聽人能夠對企業有一個符合其預先設定的印象和認識，並在此基礎上使得閱聽人對企業產生好感，進而認同並接受企業所傳達出的形象與價值體系。

在企業形象辨識系統中有三個方面的辨識，分別是理念、行為及視覺，同時這也是企業設計的三大要素。

◆ 所謂理念，指的是意識形態範疇中的企業理念，是一家企業在長期發展過程中所形成的，被全體人員認可並遵循的價值準則與文化觀念，具體表現為企業在生產經營方面的定位、宗旨等；

◆ 所謂行為，是建立在理念基礎之上的一種外在表現，比如企業在發展中的生產經營行為等；

◆ 所謂視覺，是將理念用視覺化的手段表現出來，比如廣告、商標、品牌、包裝等等。

在上述三方面中，要在前兩者的層面實現線下資源的整合並不容易，但是一旦經過調整，企業就會散發出獨具一格

的氣質，並影響閱聽人群體對企業的直觀感受。而企業若想將線下資源進行適時適當的調整，則需將主要目光投向視覺辨識這一層面。

如上文所說，視覺辨識就是一種視覺化的傳達方式，將企業理念、文化等較為抽象的東西轉化為具體的符號。一般來說，企業標誌會統一規範的字型與色彩，從而塑造出獨特的企業形象，吸引更多的閱聽人群體並獲得他們的認同，進而在激烈的市場競爭中占據有利地位。

這一系統的構成要素可分為兩類：一為基本，二為應用。前者囊括了一家企業基本的視覺要素，最基本的當屬企業名稱，而企業所使用的標誌、logo 所用的字型與顏色、企業象徵的圖案等等都包含在其中；後者則是建立在前者基礎之上的組合應用，可運用於企業中的各個領域，比如說辦公用品、產品包裝、廣告宣傳等等。

所以，企業可在充分認識這兩類要素的基礎上，從以下兩個方面著手進行視覺辨識的調整：

◆ 無論是基本要素的打造，還是應用系統的設計，都需要融入時代元素，將行動網路時代的相關理念滲透到其中，這樣才能使企業視覺辨識系統更具時代特色，贏得閱聽人的廣泛認可。

◆ 將引流機制引進到系統打造的過程之中，充分利用目前

較為活躍的社群媒體,比如企業的 Line 官方帳號、官方
臉書等,將 QR Code 或是連結直接加入,同時還可以透
過這些社群平臺舉辦一些引流的活動。

### (2)重視門市資源,並對其引流體系進行整合

正如前文所說,O2M 是電商發展到一定階段所產生的
一種新模式,但事實上,這種模式對於實體店來說更具優
勢,所以那些有著龐大實體店舖資源的企業其實已經占得了
先機。

提出這一概念的領先企業的發展策略已經走上正軌,開
始了線下門市的整合,雖然其主要舉措還停留在打造新的購
物情境上,但實際上許多新舉措也已經浮上水面,比如說會
員體系的轉型、宣傳資訊的改版等等。

既然如此,企業的線下門市資源究竟怎樣才能得到深入
而充分的挖掘呢?怎麼入手才能實現上述策略的快速發展
呢?其實,可以從以下幾個方面中尋求答案 (圖 6-7)。

圖 6-7 挖掘線下門市資源的主要策略

①會員流量的管理

在傳統的會員管理方式中，會員卡是最為主要的一種形式；之後，到了傳統網際網路時代，藉助 PC 端進行會員管理成為主流，但是會員卡仍舊占據著極其重要的位置。

然而，這種一貫使用的方式卻有著一個致命的缺陷，那就是缺少互動。因為，所有與會員相關的規章制度、活動方案等都是企業的行為，會員唯一要做的就是被動接受。如此一來，會員制度所能發揮的能量就遠遠達不到預期。

如今，行動網路時代已然來臨，會員管理方式不再如以往般「雞肋」，企業不再唱「獨角戲」，會員也不再只是被動接受，互動的時代已經到來。

◆　首先，會員的身分驗證方式發生了變化，卡片不再是會員身分的唯一證明，取而代之的是行動裝置上的電子形式的會員證明。

◆　其次，加入會員的方式發生了變化，企業主導的時代已經遠去，用戶的主動性得到空前的提高，參與形式也變得更為簡單便捷。

◆　第三，互動機制的新增、行動端的普及使得會員可以隨時隨地與企業進行互動，「會員」這一身分不再局限於享用特權，而成為一種滿足自身訴求的通路，而企業也藉此拉近了與會員之間的距離，並為之提供更為優質的服務。

◆ 第四，會員對企業各種資訊的獲取也不再停留在被動獲取這一層面上，而有了更多的選擇權，對於企業要傳達的資訊可以選擇接受，也可以選擇拒絕，遇到極為感興趣的還能夠主動去搜尋了解。

綜上所述，企業在進行線下資源整合的過程中，更新會員管理體系勢在必行。

②店內引流體系

從門市本身來看，若想完成向行動端的引流其實有很多合適的方法，較為突出的方法有二：一是著重挖掘並發揮店內宣傳體系的能量；二是將店內各項活動與促銷充分有效地利用起來。

對於門市來說，海報也好、文宣也罷，都是必不可少的宣傳素材，尤其是在科學技術不斷發展的背景下，LED 顯示器以及各種相關設施已成為宣傳新陣地，並成為企業與消費者之間的一個溝通橋梁。而引流的機會正好就隱藏在其中，企業將種種引流機制滲透到系統之中，然後再使用獎勵機制鼓勵消費者，便會取得很好的效果。

在網際網路尚未興起之時，企業為了吸引消費者的目光常常會在門市內舉辦一些較為熱鬧的演藝活動或是推行促銷活動，但產生的效果基本都是短暫的，在活動結束之後很難再持續；在網際網路興起之後的 PC 時代裡，上述活動仍然

是諸多商家的首選，究其原因是因為並沒有更為合適的方式
實現引流；而到了行動網路時代，一切都變得簡單起來，消
費者只需要參加企業舉辦的活動或享受企業提供的優惠 QR
Code 或新增其自媒體帳號便可以了。

③打造新的購物情境

我們在上文中提到過，O2M 發展策略的主要舉措便是打
造新的購物情境，而這項舉措在行動網路時代並不難實現。

在新的購物情境的打造中，行動端、無線 Wi-Fi 等裝置
是不可或缺的基礎，只有透過它們，消費者才能夠進行店內
比價以及線下體驗線上下單，這樣既提升了用戶體驗，又實
現了向行動端引流的目的，可謂一舉兩得。

### (3)調整線下活動、事件行銷，並關注其推進作用

線下活動的範圍其實很廣，門市內的活動只占據了一小部
分，除了還能在門市外舉辦各種線下活動之外，進行事件行銷
和話題炒作是諸多實力雄厚的企業的必要選擇，如此一來，不
僅能夠得到閱聽人矚目，使企業品牌的知名度得到不斷攀升，
還能將自身的行動端平臺推廣開來，進而實現引流。

其實，上述線下活動與事件行銷早已有之，只是發展到
行動網路時代其又具備了新的時代特徵。

◆　首先，對於活動或事件本身來說，為了達到引流的目

的,這些活動或事件的策劃理應更具互動性,這樣才更符合當前用戶的時代特點與喜好。

◆ 其次,要從引流與傳播的策略說起,企業進行線下活動或事件行銷的目的性很強,所以如何達到目的是其考慮的重中之重。在引流的過程中,最大限度地擴大傳播平臺的覆蓋能夠吸引更多消費者的關注與參與,這樣便可以進一步提升品牌的知名度。

◆ 第三,需要重視的是如何與客戶進行互動及服務,用戶進入平臺之後,企業並不能就此高枕無憂,還需要繼續將之留下,讓他們主動地參與到互動中來,在此過程中企業要將自身的品牌文化及產品價值傳達給他們並得到認同,培養他們的品牌忠誠度。

◆ 第四,整個過程中到處都存在著引流的引擎,區別在於有的是顯性的,有的則是隱性的。前者包括企業在行動網路時代裡的自媒體帳號,其引流形式為 QR Code 或連結;後者則是指透過這一過程贏得消費者認同,刺激其新增自媒體帳號的欲望,進而主動搜尋新增的過程。

# 第 7 章
## 「網際網路＋零售」時代，
## 實體零售店的情境化行銷變革

# 7.1 立體化建構情境體驗，多面向思考實體零售轉型

## ▎體驗為王：痛點癢點的滾動變化

隨著行動網路時代的來臨，App 應用裡的情境能夠跟越來越多的真實商業情境連接，消費者進入的通路增多，導致流量入口呈現碎片化、立體化的發展趨勢。再加上隨著經濟的發展，民眾的消費水準得到提高，七年級生作為消費主力正在崛起，這些變化都對傳統的商業零售通路提出了更高的要求。

傳統零售的商業規則已無法適應行動網路時代的要求，越來越多的零售商也已經意識到：如果不想被市場淘汰，就必須進行轉型。但問題是，這些傳統的零售商應如何轉型？

傳統的零售企業不同於新興的網際網路企業，它們已經發展了一段時間，也累積了一定的人脈、資源、資金甚至是管理經驗，但在行動網路時代，這些資源卻阻擋著企業的轉型。

轉型是企業在內部結構、經營模式以及管理理念、企業文化等方面全方位的重構。本節我們著重闡述傳統實體零售

企業在轉型過程中應遵循的四大法則之一：體驗為王。

　　傳統實體零售企業需要明白的一點是，無論市場機制如何改變，企業都應以為消費者創造價值為發展理念，為其提供滿意的服務。因此，企業需要抓住消費者的痛點和癢點，這可以參考以下幾個關鍵點。

◆　企業首先應抓住消費者的痛點，這也是他們最想解決的問題。抓住了消費者的痛點，通常就能在激烈的市場競爭中生存下去，而要想獲得長遠發展，還需抓住消費者的癢點。

◆　由於不同的消費者有著不同的消費習慣和消費行為，因此在確定消費者的痛點和癢點時，也不能一概而論，需要針對消費者的個性特點，為其提供客製化、訂製化服務。

◆　在不同的時代、行業以及地區，消費者的痛點和癢點也會不同。

　　因此，在新媒體時代，傳統零售企業在轉型時應積極探索創新，抓住消費者的痛點和癢點，為其提供滿意服務。

## ▌行走在情境：消費過程的分離

　　消費體驗是消費者在消費一項產品或服務時的心理感受，由產品或服務的品質所決定，主要包括流量觸及與消費

決策、交易支付、物流支付與服務三個流程（圖 7-1）。

圖 7-1 消費過程包括的三個流程

隨著網際網路的發展，消費者的消費行為和消費習慣逐漸發生變化，與此同時，消費過程的三個流程也朝著分散化的趨勢發展。

◆ 在網際網路興起之前，消費者對商品的選擇、支付費用都是在實體店家中完成，消費者的購物以及商家的行銷受時間和空間限制較大。

◆ 在 PC 網際網路時代，購物時間、支付方式、物流運輸等的限制被打破，商家和消費者可以在線上進行交流，但互動性較差。

◆ 在行動網路時代，智慧手機以及 App 應用的發展為消費者的購物提供了便利的通路，消費過程的三個流程不再聚集於實體店家，而轉向線上平臺與線下物流的相互配合，情境化行銷逐漸產生。

　　目前自由市場上的消費情境隨處可見，消費過程的三個流程也更加分散，並以不同的搭配組合呈現在消費者面前。除此之外，網際網路的發展以及物流基礎設施的完善也為分散化的消費過程提供了可能，從而使企業能夠滿足消費者多樣化的癢點。

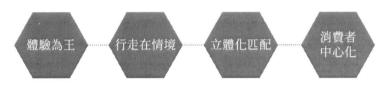

圖 7-2 傳統實體零售企業在轉型過程中應遵循的四大法則

　　在不同的情境下，消費者的需求具有多樣化的特點。因此，企業要具體分析流量觸及與消費決策、交易支付、物流支付與服務這三個消費過程中消費者的需求。例如，在旅行情境下，飯店、機場、火車站、計程車等可能是消費者的痛點；在交易支付流程，消費者可以選擇刷卡或付現金等方式；而在物流支付與服務這個流程，消費者考慮的則是選擇一種物流方式、貨物寄送的地址以及這些貨物是否適合運輸等。

　　傳統的實體零售企業在轉型時，不能囿於固有思維，照搬其他企業成功轉型的經驗，而應積極探索，充分利用網際網路、巨量資料等的優勢，獲取內外部資訊，分析出企業的核心閱聽人是哪部分群體，進而找到目標客戶在具體消費情境中的痛點和癢點，為其提供滿意的服務。

## ▌立體化匹配：多層次共融共通

傳統企業在轉型的過程中，除了要結合消費過程的分散化趨勢考慮消費者的痛點和癢點之外，還需要從宏觀上統籌各部分，使其協同合作。必要時，企業還可配置內外部資源，使之為企業轉型服務。

在轉型時，傳統零售企業還需遵守的第三大法則就是立體化匹配，具體來說包括以下幾點：

◆　針對不同的情境要制定不同的行銷方案；

◆　統一排程管理線下、PC 網際網路以及行動網路客戶端等通路；

◆　企業價值鏈上各流程相互配合，統一為企業的發展服務。

但在實際情況中，很多傳統的實體零售企業根本不知道自己應該選擇什麼樣的方案，或者無法統一協調各部門的關係。

陷入這種困境的企業可以轉變思考方法，將關注點放到消費者身上，考慮目標消費者在特定的情境中會需要什麼樣的服務，以此立體化地建立方案。

## ▌消費者中心化：巨量資料與社群

　　企業在無法選擇適合自己的立體化方案時，可以以消費者為核心，擴散性思考，建構方案。但對於傳統的實體零售企業來說，實現消費者中心化還有一定的距離。

　　原因在於，在傳統的商業規則下，企業只需關切銷售額最高的產品、地區以及銷售季節等相關資訊，就能夠在激烈的市場競爭中生存下去，很少有企業去關注核心消費族群的消費習慣和消費行為，更不用說去建構特定的情境吸引他們消費了。

　　為此，傳統企業可以從以下兩個方面著手，實現消費者中心化。

整合資源

利用社群平臺實時追蹤
核心消費群

圖 7-3 傳統企業實現消費者中心化的兩大要點

### ①整合資源

　　充分利用內外部資訊以及網際網路、巨量資料等的優勢，建立消費者輪廓和生活情境。企業需要透過網際網路獲

取消費者的資訊，並利用巨量資料技術分析，建立用戶資訊模型，同時多方面獲取外部用戶的資訊，實現資源的合理利用。

實現內外部資源的充分整合是一個漫長的過程，需要企業不斷創新，注入新的活力，但可能無法包含所有的生活情境。

### ②利用社群平臺即時追蹤核心消費群

Line 官方帳號已經成為眾多企業宣傳產品、傳播促銷資訊、傳播品牌的一個常用通路，但大部分企業卻並沒有利用 Line 官方帳號與消費者進行良好互動，以了解他們的需求。與消費者進行即時的交流溝通，可以讓企業及時獲取消費者的需求變化，並針對這一變化迅速應對，從而提高品牌的知名度並實現品牌效應。

## ▋美國實體零售品牌的情境行銷

我們可以設定這樣一個情境：當一個消費者來到購物中心的某家店，他沒有立即購買自己想要的商品，而是先透過手機搜尋自己需要的商品，搜尋結果會顯示這家商店裡該物品的各種資訊，包括商店的名稱、位置及商品的價格和折扣，消費者根據這些資訊，對商品的銷售量、價格及折扣瞭如指掌，之後，便開始有針對性地購物了。

上述情境就是人們把行動網路應用在日常購物情境中，為消費者帶來了實際價值。由此，我們也可以看出，這是網際網路時代人們選擇購物方式的一種新趨勢，它將對人們未來的生活產生深刻的影響。在行動網路發展如此迅速的今天，傳統行銷已經過時，人們會越來越傾向於這種基於網際網路的情境化行銷。

## (1)改善店內購物體驗國際大牌這樣做

① Urban Outfitters

Urban On（UO）是美國平價服飾 —— Urban Outfitters 開發的一個原生應用，這個應用程式可以為客戶提供多樣化服務。

比如，UO 會在客戶一進入店家時，就為其提供可以登入社群媒體的服務；當客戶在試衣間試衣服時，UO 會提醒客戶可以把試衣照傳到自己的社群媒體，一旦分享成功，便能拿到折扣或者優惠；店家內還設有拍照區供客戶拍照，UO 電臺還可供客戶在挑選衣服時或者休息時收聽；客戶透過最新版的產品頁面，可以更清楚、更全面地了解到產品的相關資訊。

② Rebecca Minkoff

Rebecca Minkoff 包包專賣店與 eBay 購物網站聯手推出互動試衣間，試衣間裡面安裝有智慧鏡子。所謂智慧鏡子，就是它可以儲存店內所有商品的資訊，客戶只需要點選鏡子

中的瀏覽器，便可以找到自己需要的衣服，然後下單。如果試衣間的光線太暗或者太亮，客戶還可以點選螢幕調節室內光線，看試衣效果。

此外，為了便於客戶查詢，店內每件衣服都有 RFID 標籤，客戶可以根據自己的需要，對衣服的顏色、尺寸進行查詢，點選後，服務人員就會立即收到資訊，把客戶需要的衣服送入試衣間，從而免去了客戶來回換衣的麻煩。

這些智慧鏡子的另一個功能是儲存客戶的購買資訊，當他們再次過來購物的時候，智慧鏡子就會根據客戶以往的消費資訊，分析出他們的喜好，店員在掌握了這些資訊之後，就能更好地為客戶提供服務。

③ Marc Jacobs

Marc Jacobs 這一奢侈品牌採取了一系列措施提高品牌影響力。比如，用戶只要用 #MJDaisyChain 作為標籤來釋出推文內容，就可以得到店裡提供的一份精美禮品；用戶在釋出推文的過程中同時上傳店內照片的話，就會獲得更多的優惠；榮獲最佳創意內容的用戶，會獲得店內免費提供的 Marc Jacobs 手袋。這些都是公司擴大品牌影響力的有效方法。

## (2) 體驗為王，行動時代行銷的未來

①品牌連線消費者觸點增多

◆ 傳統行銷方式：透過各種行銷通路，比如電視廣告、網際網路廣告、雜誌廣告等，盡可能地向消費者傳遞更多的品牌資訊，它是一種單向傳播，所以觸點極其有限。

◆ 情境化行銷：透過對消費者的需求深入分析，在特定情境中，為消費者提供各種有價值的資訊，還可以在消費者使用產品的過程中，收集他們對產品的回饋資訊，與消費者形成互動，所以品牌擁有更多的觸點與消費者進行連線。

②真正解決用戶的問題和痛點，與用戶形成良性價值交換

◆ 傳統行銷：透過廣告方式增加用戶對產品的印象，但是，在資訊化時代，人們已經不再依賴於廣告，而是選擇更能滿足自身需要的產品和服務。

◆ 情境化行銷：基於人們的客製化需求，在合適的時間和地點，為消費者推送有價值的資訊和服務，而且，消費者在使用產品的過程中，還可以將回饋資訊提供給品牌，透過與消費者之間的互動，增加了消費者對品牌的信任。而且透過對用戶資訊的收集，品牌將越來越了解用戶的需求，從而為用戶提供更好的服務。

③目標消費者不再局限於靜態的人口屬性的定義

◆ 傳統行銷：傳統行銷所面向的目標人群往往是固定的。
◆ 情境化行銷：從消費者的需求出發，往往會刺激很多潛在的客戶。比如紀錄女性月經的一款 App，這本來是專為女性研發的一款軟體，但是軟體商考慮到男性也可以透過該軟體關注女性的經期，於是研發了男生版，以便在女性經期時向女性表達關心。而且，在 2014 年，使用該軟體的男性用戶占到了 10%。

**(3)如何應用情境化行銷？**

怎樣才能更有效地利用情境化行銷呢？

①確定正確的品牌策略

情境化行銷就是透過與消費者之間的互動，使消費者對品牌的印象更為深刻，所以，正確的品牌策略很重要。

②考慮重新組織行銷活動的過程

情境化行銷就是在特定的時間和地點為消費者提供有價值的服務，所以，需要行銷人員及時發現消費者的需求變化，從而提供客製化服務。這才是消費者真正需要的。

③建立整合型的技術平臺

消費者在不同情境中，消費需求也會發生相應的變化，所以，對不同情境中的資訊進行整合就顯得尤為重要。企業

需要成立一個技術團隊把這些分散的資訊進行整合，由整合型技術平臺管理。

　④善用巨量資料

情境化行銷透過與消費者之間的互動，掌握消費者各種需求資訊、回饋資訊，從而更好地為消費者提供服務。像消費途徑這種帶有時間序列資訊的資訊，也要引起重視。

　⑤啟用情境化行銷引擎

所謂情境化行銷引擎，是企業進行情境化行銷的一套理念和具體實踐策略。具體來說，情境化行銷引擎由引擎動力源、引擎驅動、引擎點火器三部分組成，實踐的要點如圖所示。

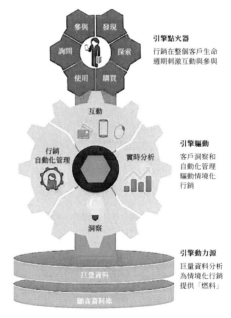

圖 7-4 情境化行銷引擎

# 7.2 智慧店家與購物情境：實現與消費者即時高效的客製化互動

## 智慧店家的完美購物情境

電商企業在經歷了一個快速發展的黃金時期後遇到瓶頸，一些商家開始嘗試在實體進行突圍；而傳統零售行業承受著電商行業的不斷衝擊，生存空間被不斷壓縮，於是紛紛選擇「觸網」。

零售行業的線上與線下之爭終究還是要落到用戶流量的層面上來，培養用戶習慣的消費情境成為商家經營的重點，如今誰能做好消費情境的策略布局，誰就能在未來的行業競爭中占得先機。以 IBM 為代表的企業在智慧店家購物情境上開始了新的嘗試，以創新發展的探索精神推動著智慧店家的日趨完善。

可以想像一下這樣的生活情境：當你正處於某個商家的店面中或者是在店面的附近時，你得到了關於該店家產品的優惠活動資訊與現金券，如果這些產品或者服務你感興趣，接下來你就會尋找該店家，找到後發現店家的門口顯示器上有著獨具特色的歡迎詞，影片與音樂也顯示出對你的尊重。

同時，根據你的興趣愛好、購物經歷、情感變化以及會員等級等所預測出的產品推薦資訊會向你展示一系列的產品供你進行選擇，透過掃描 QR Code 或者瀏覽店內營業人員寄送給你的資訊可以了解相關產品的詳細資訊，當你選擇好所需商品後直接透過行動端進行支付，優惠券的折扣也直接計入其中，購物過程方便快捷。

以上正是基於行動技術建構的智慧店家的購物流程。零售商家藉助這種行動智慧技術的應用創造了多元化的消費情境，智慧店家在未來將會為傳統零售行業的轉型更新開闢一條切實可行的道路，如今實現這些情境的技術條件已經比較成熟，在一些地區已經成為現實。

比如星巴克咖啡利用基於地理位置的行動技術可以在短短幾分鐘內將咖啡送至附近的消費者手中；銀泰百貨集團可以讓客戶基於地理位置在短時間內找到所需的產品並完成支付。

智慧店家利用收集的用戶資訊，可以為消費者提供滿意的服務，使商家的品牌推廣更具效果，在累積用戶的基礎上提升成交率，降低推廣成本，最終獲得最大化的收益。

## 虛實空間的即時互動主體

智慧店家透過線上（PC 端與行動端）的虛擬空間與線下店面的無縫對接實現了銷售利益的最大化。

PC 端上的官方商城是維繫整個經營體系的重要基礎；與一些具有用戶流量優勢的第三方平臺合作引入了龐大的潛在消費族群；再加上行動端的基於地理位置的服務技術、QR Code 掃描、儲存大量客戶資訊的 CRM 資料庫等作為輔助工具，能夠發揮 PC 端與行動端結合的優勢，完成用戶流量獲取、品牌推廣行銷、交易支付等一系列流程。

對於線下商家來說，線上與線下的結合不代表要弱化線下店面的作用，只將其作為線上產品及服務的展示店，智慧店家要求線下店面能以自身為中心，服務一定範圍的消費者，全面接管資訊傳遞、品牌推廣、交易支付等流程。

在電商最為發達的美國進行的一項專業調查顯示：與線上交易相比，線下交易占整個交易體系的絕大部分，而線上交易額只占總交易額的不到 10%。可見線下店面的營運效果在企業發展過程中具有舉足輕重的地位。

商家與消費者之間的互動程度是決定成交率的關鍵要素，商家要考慮直接展現在消費者面前的前端部分與作為支撐的後端部分。店面的合理布局，影片、音訊等基礎設備的完善等這些前端內容是直接影響消費者心理的重要因素；客戶資訊管理、智慧化控制系統、資訊分析與資訊回饋系統等作為支援前端的後端區塊，決定了前端處理各種問題時的效率與能力。

　　前端作為資訊互動的重要載體，在後端的強大資訊處理能力支援下，與消費者完成交流互動，消費者成為資訊的接受者以及回饋者，並利用行動終端進行交易行為。由此開發出的即時互動體系突破了傳統的網際網路時代的人機互動局限，使人的主觀能動性得到更好地發揮。

　　在這種體系之下，用戶可以在實體店面、PC 網際網路、行動終端之間自由轉換，交易在三者之中皆可實現。消費者可以在實體店面中藉助手中的行動終端實現產品的定位、搜尋、諮詢，還可以利用 PC 端進行產品的資訊數據對比與用戶評價的查詢；商家在這個過程中可以收集用戶的行為資訊，利用資訊處理技術進行消費者需求的快速發掘及匹配等。

## ▎店外線上引流 + 店內體驗互動

　　商家用戶流量的獲取主要有兩種方式：其一為線上資訊的吸引，一部分消費者透過線上獲取資訊之後，要去線下店面體驗後才會購買；其二是熱門點推廣，線下智慧店家就如同一個訊號發射臺，能夠在行動網路技術的應用下，將收集的用戶資訊進行整理分析後以簡訊、QR Code 等方式向其傳遞產品的推廣資訊，這樣的用戶獲取更具針對性。

　　當然，如果消費者曾經在該店中進行過消費，店家的資訊收集系統會將用戶的相關資訊儲存入庫，消費者再次進入店中時，店內的系統會根據之前儲存的資訊進行匹配，並將

資訊及時回饋給店內服務人員。

　　具體來說，即當消費者進入智慧店家的一瞬間，藉助無線射頻辨識技術刺激系統辨識功能，系統會將後端的資訊在一瞬間傳遞給前端的服務人員，服務人員會根據這些資訊（消費者的購買記錄、VIP 級別、興趣愛好）幫助消費者更加愉快有效地完成購物體驗。

　　而且後端分析所得出的重要資訊會直接在店家內的顯示器、櫥窗等載體中顯示出來，消費者交易過程中的折扣會直接由系統計算出來。方便、快捷、注重用戶體驗的管理體系使線下店面的服務能力上升至較高水準，同時也增強了用戶對品牌的認可度與忠誠度。

　　此外，消費者可以利用線下店面的雙螢幕 POS 機與店員就產品資訊進行即時互動，店面的顯示器、消費者的行動終端等都成為用戶了解產品資訊的通路，方便高效的 QR Code 掃描支付方式使一鍵自助式購物成為現實。當消費者所需的產品出現缺貨時，可以藉助行動終端在產品的官方商城上找到所需的產品，店員也可以根據產品資訊為消費者推薦類似的產品，消費者只需要在行動終端上付款，就可以享受宅配直接送貨上門的便捷服務。

　　由於店員與消費者之間的即時互動更能真實準確地反映消費者的真正需求，在把握消費者的需求心理的基礎上，能直接為消費者推薦相應的產品以及服務，因此及時了解客戶

的潛在需求是非常重要的，可明顯提高交易成功率。

而且，由於消費者在智慧店家中的一系列行為，都能被影片追蹤技術記錄下來，從而分析出店家內的熱門焦點。對於用戶的行為分析對制定出有效的行銷策略具有重要的作用，消費者在不同區域的停留時間、瀏覽量、產品的受歡迎度等資訊都是收集的重點。

對以上資訊收集與處理後建立相應的資料庫，將會成為未來企業進行消費者需求研究與行銷策略制定的重要依據，這些研究資訊可以應用到以下幾個方面：

◆ 調整貨品展示布局，使消費者更加方便地瀏覽商品，提升消費者的購買欲望；

◆ 調整線上線下的行銷策略，推動精準行銷，降低成本消耗；

◆ 以線上線下的優惠產品帶動企業整體的產品銷量，實現利益的最大化。

## 商品資訊第三方傳播

消費者在智慧店家所經歷的完美購物體驗，將會為商品資訊與品牌推廣帶來意想不到的效果，行動終端的資訊傳播能力在行動網路時代被無限放大，商品資訊在網路中如同病毒一般在個體所能接觸到的範圍內快速傳播，任何一個個體

都能成為傳播的節點。

　　透過對傳播過程中的資訊追蹤，資訊接收方的資訊資訊也被收集起來，變為新的研究對象，使商家可以發掘出更多的潛在消費者。

　　在智慧店家的交易實現過程中，進行精準的資訊推送、對用戶資訊的辨識、店內用戶的瀏覽資訊收集等在現有技術下已不是問題，行動端直接支付、精準行銷等相關區塊也取得了很好的效果。目前，要實現即時高效的客製化互動還需要進一步的努力。相信隨著當下在智慧店家深入探索的企業的不斷突破，不遠的將來，這一模式將會引領一個新的時代。

# 7.3 營造顧客體驗的賣場設計策略

## 賣場環境氛圍的體驗設計

賣場不同於傳統的商場，它對商品的分類、目標閱聽人有著嚴格的要求。

到賣場中購物的消費者對體驗有著非常高的敏感度，但對於企業來說，賣場氣氛的營造卻是常常被忽視的地方，甚至還會存在諸多偏誤，比如將提高「賣場顧客體驗」誤認為透過對店員的培訓，提高銷售業績；只是單純的銷售貨物，還沒有涉及顧客體驗層面。

因此，單憑店員的巧言善辯，難以打動消費者，因而也就無法實現銷售業績的成長。

企業在制定行銷策略時，需要正確認識賣場的作用，合理劃分賣場的功能，並展示合適的產品，以引起消費者情感上的共鳴，從而形成自己的競爭優勢。

總括而言，企業可從賣場環境氛圍的體驗設計、賣場產品組合的體驗設計以及產品本身的體驗設計三方面，來營造賣場顧客體驗的氛圍。本節我們先來討論一下賣場環境氛圍的體驗設計。

　　賣場環境氛圍的體驗設計指的是賣場從聽覺、視覺、觸覺、嗅覺以及心理等各方面給消費者以觸動，引起他們情感上的共鳴。例如，根據產品的不同特點，將它們放在具有不同功能的展示區內，以此為消費者營造真實的生活情境，吸引他們購買。

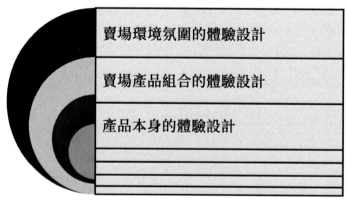

圖 7-5 賣場設計策略的三個組成部分

　　同樣是咖啡店，星巴克和上島咖啡的環境氛圍就不一樣，星巴克從店內裝潢到音樂、照片、家具的選擇以及店員的服務等流程都形成了自己的特色。同樣，在家電賣場裡，賣場的氛圍也應與產品的特點相吻合，將注重外在包裝設計的產品和注重內在實用性的產品分別放在不同的展區展示，給消費者營造良好的賣場氛圍。

　　企業在營造賣場環境氛圍時，需要全方位整體考慮，包括賣場的宏觀布局、出入通道、滯留時間長短、空間布局是

否合理等。如果賣場所營造的整體氛圍能夠引起消費者情感上的共鳴，那麼消費者會非常願意為賣場中的產品買單。

因此，企業在劃分賣場的功能——設計空間布局以及具體的細節時，要充分考慮到賣場展現出來的氣息、環境等因素應與消費者的期望相一致，從情緒上打動他們，刺激消費者的購物欲望，並以優質的服務留住顧客，形成用戶黏著度和忠誠度。

## ▌產品組合的體驗設計

企業營造賣場顧客體驗氛圍的第二個流程，就是產品組合的體驗設計。

打破產品原來的組合，根據賣場的功能劃分重新擺放產品，使產品的特點與所擺放的位置相一致，這種方法有助於引起顧客情感上的認同。

電器類賣場也是如此。如果產品沒有放到合適的位置，那麼便無法引起目標顧客精神上的共鳴，從而使其失去消費熱情。因此，將合適的產品放到相應的地方十分必要。此外，還要為顧客營造良好的購物氛圍，提升消費者的購物舒適感。

宜家家居是在設計產品組合體驗方面的典型案例，透過這種策略設計，宜家提升了產品銷售業績。

　　宜家從細微處著手為顧客營造良好的賣場氛圍。例如，宜家會在樓梯處放一塊寫著「靈感之旅三樓開始」的牌子，透過設計富有吸引力的文案來提升顧客的舒適感。此外，宜家的每一件產品都可以稱得上是藝術品，其中包含了設計師的設計理念。宜家在展示產品的同時，也充分尊重每一位設計產品的設計師：每件產品的旁邊都會附有設計該產品的設計師的照片。到宜家購物的顧客受這種氛圍的薰陶，也會尊重這些設計師以及他們設計的產品。而且，宜家在擺放產品方面也十分用心，例如將聖誕節燈飾整齊排列，營造舒適的賣場氛圍。

　　但是，宜家在產品組合排列方面還存在一定的缺陷，需要不斷改善。

　　例如，宜家曾銷售過帶架子的寫字板，它能夠吸引消費者的亮點在於寫字板的兩面都可以寫字，區別在於一面適合用彩色粉筆，而另一面適合用水彩筆。同時，這款寫字板可以幾個人（幾個成年人或者一個成年人和幾個小孩）同時使用，因而吸引了大量的家長以及有創作欲望的成年人。

　　但是，宜家將寫字板及其相關工具，如吸磁式板擦、水彩筆、白紙等放在了不同的位置，消費者要將這些東西找齊需要花費大量的時間和精力。如果對這款寫字板有著強烈消費心理的顧客沒有將這些工具找齊，甚至有些工具缺貨，將嚴重影響顧客的購物體驗，給他們留下不好的印象。並且，

這些顧客還會將其他工具隨手一扔，給店內的服務人員增加工作負擔。

實際上，宜家應該將寫字板的這些配件擺放在相鄰的位置，即使有產品缺貨，也應該在旁邊放置告示板。例如當寫字板缺貨時，可以寫「讓人心動的帶架寫字板暫時斷貨，預計一週內幾套寫字板會重新出現在二樓某處」。這樣的溫馨提示對於目標顧客來說，即使這次沒有買到，也不會對宜家產生不好的印象，一週之後，他們肯定會再次光臨。

透過「寫字板」這個案例，我們可以清楚地意識到將功能相關的產品擺放在一起的重要性，尤其是對於宜家這樣注重 DIY 理念的產品賣場更應如此。

無獨有偶，P ＆ G 公司曾把清潔器和清潔劑分開擺放，其產品的銷售量一直沒有提高，後來將兩者擺放在一起，組合出售，銷售業績大為提升。由此可見，產品的組合事關銷量的高低，更決定顧客在賣場中體驗好壞的。

賣場在擺放產品時，只需將功能相關的產品組合排列，便能將它們賣給目標顧客，並且還會提高顧客的賣場體驗感，形成舒適、愉快的感覺。如果企業在營造顧客體驗時，將產品組合的體驗設計融入賣場的整個設計中，並將這種設計理念滲透到公司的每個部門中，那麼企業將會形成巨大的市場競爭力。

　　或許有的賣場在設計時也融入了顧客體驗，例如普通的超市、路邊攤等，但是它們的這種顧客體驗還不是完整意義上的顧客體驗，無法從精神層面引起消費者的共鳴，還處於簡單的賣貨階段，因此，也就無法像真正意義上的賣場顧客體驗那樣，形成用戶黏著度和忠誠度。

　　賣場顧客體驗需要從情感上打動消費者，引發他們的共鳴，形成品牌效應。真正走入消費者內心的品牌，其他品牌的優惠促銷活動已無法對其構成威脅。只要消費者有需求，他們一定會購買引起他們共鳴的產品。在行動化的情境時代，消費者對價格的敏感度降低，而更加關注產品帶給他們的體驗。

　　例如，屈臣氏礦泉水的目標顧客一定是喜愛他們品牌的忠實顧客，即使統一、康師傅或雀巢等品牌推出優惠促銷活動，這部分消費者也依然會選擇屈臣氏的礦泉水，這就是良好顧客體驗帶來的效果。

　　屈臣氏為消費者提供的服務引起了他們情感上的共鳴，提升了他們的購物體驗感。而其他品牌的礦泉水只有在進行優惠促銷活動時，才能提高銷售量，原因就在於其他品牌沒有培養自己的忠實顧客，形成用戶黏著度。

## 產品本身的體驗設計

產品的設計是影響銷量的重要因素，越來越多的公司開始重視企業產品的設計，如蘋果、惠普、Google、星巴克等。

設計部門在蘋果公司占據十分重要的位置，蘋果公司的每一款產品都需要精細的設計，而透過設計能使每一款產品在具備蘋果共性的同時，還具有自身的特性。設計影響著公司的發展，好的設計會提升公司的市場競爭力，搶得發展先機。透過設計，人們可以將想像變為現實，節省勞動力，提高工作效率。擁有創造力和活力的公司，重視設計部門的建構，以獲得競爭優勢，同時還會為顧客提供客製化的服務，使其獲得舒適、愉快的購物體驗。

從產品的角度看，消費者體驗的不僅是產品的外形設計，還有產品的功能設計。企業在設計產品時，首先要進行詳細的市場調查研究，了解消費者的內在需求，然後再基於消費者的需求去設計產品的功能，以及形態、材質、包裝、產品立意等，達到與消費者需求相契合的目的，從而提升消費者的購物體驗。

有的品牌會在產品概念上設計；而有的品牌會在產品包裝上投入更多的精力，如屈臣氏，它的礦泉水瓶採用的材質非常獨特，並且外形也非常方便人們拿握，這些細節提升了

顧客體驗，從而使其對屈臣氏的礦泉水產生深刻的印象。此外，還有一些礦泉水品牌利用凹凸等光影原理將瓶身設計成山脈起伏的形狀，給消費者帶來視覺享受。

以產品的促銷體驗設計為例，假如某一大型超市正在進行優酪乳的優惠促銷活動，身穿制服的業務人員在消費者進入超市的必經路口擺放了幾桶優酪乳以及一些試飲杯，並打著「買一送二，歡迎試喝」的宣傳口號。

但是這些促銷的優酪乳的包裝是開啟的。大部分消費者都知道，優酪乳在開啟一定時間之後，它的味道會發生變化。因此，這些打開過的優酪乳的口感已經受到影響，從而影響了消費者的體驗。

顯而易見，這個超市的促銷活動沒有經過精心設計，給產品帶來了負面影響：第一，產品口感發生變化，從而影響產品的口碑；第二，這種優惠促銷活動沒有從情緒上打動消費者，也就無法形成購物體驗。

因此，超市要想進行優惠促銷活動，必須精心設計每一個流程，在這方面可以學習 P & G 公司。寶潔在推出促銷活動時，會將一些小袋的試用裝發給消費者。而超市在促銷優酪乳時，也可以採用相同的方法，將優酪乳用小袋包裝，既不會影響優酪乳的口感，同時也增加了消費者的參與感，從而提升顧客的購物體驗。

顧客體驗設計包括多方面的內容，如產品體驗設計、產品組合設計、賣場氛圍體驗設計等。從產品設計來看，又包括產品規劃、產品概念、產品包裝、產品形態、產品擺放、產品功能等。最重要的是，隨著時代的發展，賣場顧客體驗的設計還要與時俱進，不斷創新，以契合新時代消費者的需求。

2003 年，韓劇《大長今》風靡亞洲，很多觀眾將《大長今》的主題曲《希望》設定成自己的手機鈴聲。受《大長今》的影響，人們一聽到《希望》就會感受到劇中氛圍。由此我們可以推斷，如果企業能在自己的產品中融入這樣的氛圍，為其提供極致服務，那麼就會引起消費者情感上的共鳴，產生獨特的購物體驗。只要他們進入賣場，就會產生購買公司產品的需求。

總而言之，賣場顧客體驗的設計存在一定的風險，並不是企業只要營造賣場環境的氛圍，就能成功提升消費者的購物體驗。它的設計是以滿足消費者需求為前提的，在具體的實施過程中，成功和失敗的機率相同。有時候在企業看來是好的設計，但卻沒有滿足消費者的需求，主要有以下三點原因：

◎沒有從總體上對設計策略進行整體把握。對設計概念理解不夠全面，一般只從某一片段，如產品的動作、情境的設計等進行理解。企業在設計時，需要從整體上進行把握，

而不能只側重某一點。只有從整體上進行設計，才能契合消費者的需求。

　　◎沒有正確認識外在的消費環境。企業錯過研發創新產品的時機，導致其設計與消費者的需求存在誤差。

　　◎沒有有效管理企業的系統以及策略。企業要將產品設計置於企業的發展規劃之下，只有這樣，才能保證企業推出的產品是市場所需要的。因此，企業必須系統管理公司的各部門，使之有效合作，提高設計能力和市場競爭力。同時，企業在設計時要充分考慮消費者的需求，貼近實際，使產品與消費者的心理相契合，引起他們情感上的共鳴，提升購物體驗。

電子書購買

爽讀 APP

**國家圖書館出版品預行編目資料**

數位時代下的行銷變局，用科技抓住消費者的心:
剖析大數據與個性化行銷，打造以消費體驗為核
心的情境行銷，滿足個性化需求 / 蔡余杰，紀海
著 . -- 第一版 . -- 臺北市：財經錢線文化事業有
限公司 , 2024.08
面；　公分
POD 版
ISBN 978-957-680-940-8( 平裝 )
1.CST: 網路行銷 2.CST: 行銷策略 3.CST: 情境效
應
496　　　113010941

**數位時代下的行銷變局，用科技抓住消費者的心：剖析大數據與個性化行銷，打造以消費體驗為核心的情境行銷，滿足個性化需求**

臉書

作　　　者：蔡余杰，紀海
發 行 人：黃振庭
出 版 者：財經錢線文化事業有限公司
發 行 者：財經錢線文化事業有限公司
E - m a i l：sonbookservice@gmail.com
粉 絲 頁：https://www.facebook.com/sonbookss/
網　　　址：https://sonbook.net/
地　　　址：台北市中正區重慶南路一段 61 號 8 樓
8F., No.61, Sec. 1, Chongqing S. Rd., Zhongzheng Dist., Taipei City 100, Taiwan
電　　　話：(02) 2370-3310　　傳　　真：(02) 2388-1990
印　　　刷：京峯數位服務有限公司
律師顧問：廣華律師事務所 張珮琦律師

—版權聲明
　本書版權為文海容舟文化藝術有限公司所有授權財經錢線文化事業有限公司獨家發行
電子書及繁體書繁體字版。若有其他相關權利及授權需求請與本公司聯繫。
　未經書面許可，不可複製、發行。

定　　　價：375 元
發行日期：2024 年 08 月第一版
◎本書以 POD 印製
Design Assets from Freepik.com